唯有努力不负光阴

李轩 编著

国家一级出版社 中国纺织出版社 全国百佳图书出版单位

内 容 提 要

时间就是金钱，年轻就是资本，每个年轻人，都要怀揣梦想，但更要珍惜最宝贵的光阴，趁着年轻好好奋斗，用汗水收获成功，唯有这样，才是对年轻最好的交代。

本书是一本心灵成长指导用书，通过大量通俗易懂且韵味深长又富有哲理的事例，激发那些正在虚度光阴的年轻人重新找寻人生的价值，唤醒他们的斗志，告诉他们，唯有不遗余力地努力，才不会辜负生命的意义。

图书在版编目（CIP）数据

唯有努力，不负光阴 / 李轩编著. —北京：中国纺织出版社，2019.4（2023.5重印）

ISBN 978-7-5180-5977-5

Ⅰ.①唯… Ⅱ.①李… Ⅲ.①成功心理—通俗读物 Ⅳ.①B848.4-49

中国版本图书馆CIP数据核字（2019）第035028号

责任编辑：闫　星　　特约编辑：王佳新　　责任印制：储志伟

中国纺织出版社出版发行

地址：北京市朝阳区百子湾东里A407号楼　邮政编码：100124

销售电话：010—67004422　传真：010—87155801

http：//www.c-textilep.com

E-mail：faxing@c-textilep.com

中国纺织出版社天猫旗舰店

官方微博http：//weibo.com/2119887771

永清县晔盛亚胶印有限公司印刷　各地新华书店经销

2019年4月第1版　2023年5月第3次印刷

开本：880×1230　1/32　印张：6.5

字数：167千字　定价：48.00元

前言

有人问，生活对我们最公平的是什么？是时间！的确，我们每个人每天都是24个小时，谁也不多一分，谁也不少一秒，而时间也是最为残酷的，因为时间易逝，转眼间我们就会老去，唯一让短暂的时间变得丰满的便是让年轻的时光活得有意义，唯有努力，不负光阴。

的确，年轻就是资本，年轻就是奋斗的年纪，然而，我们看到的周围的大多数年轻人的状态却是：年纪轻轻就老态龙钟，朝九晚五，为了每月固定的薪水而做一天和尚撞一天钟，就连他自己都能想象到三十年后的生活是怎样的。而当你问他可曾有梦想时，他的眼睛里也会闪过一丝光芒，他会告诉你，他想要获得财富，想要实现梦想，想要成功。

其实，年轻的生命就该是鲜活的，就该是意气风发的，是满怀信心的，是为梦想拼命的，然而，随着时间的流逝，真正实现梦想的人又有多少？我们不得不说，失败者居多、庸庸碌碌者居多，成功者寥寥无几，这是为什么呢？什么又能帮助我们敲开成功之门呢？

原因很简单，因为你不够努力，因为你总是向当下的困难妥协，因为你总是在找借口，因为你放弃了曾经的追求。而反观那些成功者，也无不是在年轻的时候为梦想拼搏，他们每天都在进步，其实，人与人命运的不同，就在于他们是否有向往，是否为梦想全力以赴。

梦想谁都有，但是努力和不断奋进才是实现梦想的唯一途径。不得不说，我们所生活的世界，日新月异，瞬息万变，或者现在的你在他人看来小有成就，但随着时间的流逝，当大家都在进取的同时，你却停滞不前，你就落后了。如果你意识到这种落后的存在却又不愿意奋起直追，那么就只能一直过这种平淡乏味的生活了。

那么，年轻的你，在最好的年纪，就勇敢去努力吧，在这个世界上只有努力不会辜负你的期望，它能让平凡的人和天才站在同一起跑线上奔跑，甚至超越天才，率先到达成功的终点。

德国大作家歌德说过："人们在那里高谈阔论着天气和灵感之类的东西，我却像打金锁链那样苦心劳动着，把一个个小环节非常合适地连接起来。"奋斗使一个人更充实、更崇高，它不仅仅帮助你获取工作、积累财富，而且真正影响的是一个人的内在。帮助你开发自己的能力，更好地利用自己的潜能，成为一个真正的胜利者。

然而，现在的你，是否依然很迷茫，是否缺乏勇气？这就是编写本书的初衷。

本书是一本激发年轻人奋斗激情的正能量书，它让你懂得重新反思自己的人生，唤醒自己的梦想，找到自己的位置和前行的方向。看完本书，你会获得力量，会找到自己热爱的事业，最终驾驭自己的人生，实现自己的人生价值！

编著者

2018年9月

目录

第01章 趁年轻，去实现你认为的不可能

生活中，不少年轻人在谈到梦想时都能侃侃而谈，但当你问他有没有为梦想奋斗时，他们却说“做不到”“不可能”，而当你问他为什么时，他们又有诸多借口，比如没有资金、经验不足、没有贵人相助等。其实，你忽略的一点是，你还年轻，年轻就是最好的资本，年轻就是为梦想奋斗的年纪，只要你努力，就没有什么不可能。

志趣高远，方能抵御诱惑

西班牙小说家塞万提斯曾经说过：“目标愈高，志向就愈可贵。”这句话的含义是，一个人树立什么样的目标，决定了他的志向的高度。可见，思想是超越现实的起点，同时也可能成为禁锢创新的囚笼。对于任何人来说，思维的成熟程度以及深度将直接决定他们将会成为一个什么样的人，做什么事情，甚至是他们生命的长度，而他们的思维是受生活、环境以及自身经历和个人原则影响形成的，也就是说，他的思想就是人格和心态的真实写照。所以，我们要树立高远的目标志趣，只有这样，在人生路上，面对那些迷惑和荆棘丛林，我们才能坚持原则和立场，继续往前走。

的确，当今社会更是一个处处充满竞争也充满诱惑的社会，一个人要想从竞争者中脱颖而出，就必须要做到有计划、有目标，不打无准备之战。然而，真正可贵的志向都是建立在拥有远大的目标的基础上的。我们应该敢于为自己编制梦想，只有树立明确的人生目标，你现下的学习和生活才更有动力，也才不会偏离正确的人生方向。

你要想实现目标，就必须全身心投入到当下的学习过程中，否则，你的志向也只是空想而已。

为此，你可以从以下几个方面作出努力：

1.不要把眼光局限于读书、学习或者工作上

我们要告诉自己，要想成为一个有远见和理想的人，就要多关注社会、国家，坚持下去，你的思维也就能慢慢变得开阔起来。

2.多参加生活实践

思维和现实之间的差距就在实践，再美好的思维理想，如若不付诸行动，也是痴人说梦。这一点，应该落实到生活的细节上。只有体会到实施的难度，才能检验思维的成熟度。

3.敢于想象，编织梦想

要成功，你必须要有强烈的成功欲望。任何一个人要想成功，就必须要敢于想象，也就是你希望自己成为一个什么样的人，如果你每天浑浑噩噩，那么，你就只能注定是一个浑浑噩噩的人。

4.下定决心，付诸行动

成功的第一个秘诀就是要下定决心。当一个人决定一定要什么的时候，他的潜能才可以真正被激发出来。否则，即使你的理想再超前，行动也始终是滞后的。

任何人的潜能的激发只有具有一个伟大的动力，才会被最大限度地激发出来。因此，不要犹豫了，为理想奋斗吧，你的人生才会有别样的精彩！

“用行动说话”是对理想的最好诠释

要知道，一只鸟的翅膀再大，如果不努力振动，又怎能展翅高飞呢？一个人的才能再高，如果不努力拼搏，又怎能走向成功呢？一个国家的物产再丰富，如果不努力发展，又怎能屹立于世界民族之林呢？这一切都说明：行动胜于空想。

有位伟人说过：“世界上只有两种人：空想家和行动者。空想家们善于谈论、想象、渴望、甚至于设想去做大事情；而行动者则是去做！你现在就是一位空想家，似乎不管你怎样努力，你都无法让自己去完成那些你知道自己应该完成或是可以完成的事情。不过，不要紧，你还是可以把自己变成行动者的。”行动者比空想家做得成功，是因为行动者一贯采取持久的、有目的的行动，而空想家很少去着手行动，或是刚开始行动便很快懈怠了。行动者具备有目的地改变生活的能力。他们能够完成非凡的事业，与此形成鲜明对比的便是，空想家只会站到一边，仅仅是梦想过这些而已。

但凡历史上每一个伟人，无不是既拥有超前的思想和超凡的行动力，并通过发挥自己的优势而赢得荣誉的。社会上但凡每个成功的人士，无不是思想与行动的统一相结合，并通过自身的努力才获取的胜利。其实，像这样的例子不胜枚举。一句话，行动促就梦想。那么，生活中的人们，你是甘愿做一个事业有成的成功人士呢，还是只愿做个一点人生意味都没有的普通人呢？如果你选择前者，那么，从现在开始，你就得给自己规划一个详细的人生目标，并按照自己现有的自身条件去为之奋斗。只要你这么想了，也这么做了，那么你的人生最终就是成功的。

“空谈误国，实干兴邦。”大到国家，小到个人，万事万物都得由小到大。或许你现在做着看似不着边际、没有前景的工作。但我们要坚信，事物发展的道路是迂回曲折的，巴纳德说过：“机会只偏爱那些有准备的人”。成功的秘诀在于开始着手，现在就采取行动，决不拖延，行动高于一切！把握现在的瞬间，从现在开始做，心动不如行动。愚公正是因为没有空想，才用行动移开了大山。

在一些人心中，其实也和愚公一样，都有一个远大的理想。然而他们往往缺乏坚定的信念，顽强的拼搏精神与必胜的信心，因此他们的目标只停留在口头上，难道这种“说话的巨人”也能轻易取得成功吗？这些同学经常“三天打渔，两天晒网”，根本就不付诸行动，试问这样怎能实现远大的理想呢？

只有“行动巨人”才是21世纪的书写者，才具有真正的王者风范。相反，“行动的矮子”只会被岁月的潮流淘汰。

当然，“行动”并不是一个抽象、空洞的词语。它需要你用坚定的信念，顽强拼搏的精神与必胜的信心来实现。对此，我们需要做到：

1.敢想敢做——有计划，有目标

一个天生胆大的人，总是一个敢想敢做的人。虽然有时候看似是在冒险，也有危险，其实最大的危险不是冒险，而是一生只求平安无所作为。当然，你还要做到思路突破，不断挑战自我。只要你足够勇敢，又拥有智慧，就没有什么事情是做不到的。

2.突破自我——创造奇迹

一个人只有敢于打破现有的固定模式，才可能创造出奇迹。而奇迹不是每天都会发生的。想要奇迹发生，还要看你的行为标志和思维状况。那么，你是甘于平静，还是让生命充满色彩呢?

当你每天早晨一打开窗户的时候，就会感受到一股新鲜的空气。于是，你感觉自己的身心是多么的轻松。接下来要做的事情就是，投入到每天的工作当中。好像这个世界上的事情永远做不完似的。另外，你可以每天让自己多出一点新奇的想法，给生活增添一点新奇的意味。如果你这样去做了，那么，你就等于在努力突破自我，虽然现在还没有奇迹发生，但至少你和原来的你是不同的了。

3.超越环境之上——做一个胜利者

环境是特定的，人是灵活的。因此，人不能被特定的环境所限制，而是要努力去冲破环境的束缚。即，作为人是不能被环境所屈服的，因为，我们是勇敢的；我们要超越环境之上，做一个永远的胜利者。当一个人最想做自己的时候，那就等于想解放自我，而不再做环境的奴隶，即使这样做是要付出很大代价的。

“一切用行动说话”，这大概是对我们理想的最好诠释，努力学习、工作，打好基础，社会才会接纳你，我们的目标也才有实现的可能。

尽早树立一个明确的目标并为之努力奋斗

我们都知道，任何一个有理想、有追求、有上进心的人，一定都有一个明确的奋斗目标。他懂得自己活着是为了什么，因而他的所有的努力，从整体上来说都能围绕一个比较长远的目标进行，他知道自己怎样做是正确的、有用的，否则就是做了无用功，浪费了时间和生命。显然，成功者总是那些有目标的人，鲜花和荣誉从来不会降临到那些没有目标的人的头上。

一个人，只有确立了前进的目标，他才会最大可能地发挥自己的潜力。除此之外，努力是实现目标的唯一途径，只有不断努力，我们才能检验出自己的创造性，才能锻炼自己，造就自己。

因此，我们只有从现在起，树立一个精准、明确的目标并为之努力、奋斗，你才会认识到体内所蕴藏的巨大能力，最终才能实现自己的理想。

目标是对于所期望成就的事业的真正决心。人只有树立了目标，内心的力量和头脑的智慧才会找到方向。如果一个人没有目标，就只能在人生的旅途上徘徊，永远到不了任何地方。正如空气对于生命一样，目标对于成功也有绝对的必要。如果没有空气，人就不能生存；如果没有目标，没有任何人能成功。

在很多渴望成功的人眼里，石油大王洛克菲勒是他们学习的榜样。他能从一无所有到拥有后来的商业帝国是一个传奇，但事实上，这却是他持之以恒、积极奋斗的回报，是命运之神对他艰苦付出的奖赏。他曾经对自己的儿子说过这样一句话："我们的命运由我们的行动决定，而绝非完全由我们的出身决定。"生活中的年轻人们，我们需要记住的是，一个人的命运如何，是掌握在自己手里的，出身只能决定我们的起点，不能决定我们的终点.

我们坚信：一个人的内心中如果在年轻时就树立一个目标，并坚持不懈地为之努力，那么，他一定会是一位成功的人。

可能有些人会认为自己年纪尚轻，立志为时尚早，而实际上，一个人只有尽早树立目标，才能尽早付诸行动，才能找到努力的方向。因为目标不会凭空实现，不采取具体步骤，就不可能取得任何成就。

任何人都要记住，人励志，一定要趁早。一个人，没有目标，就像断了线的风筝，不知前方的路该怎么走；一个人，没有目标，就像一艘没有舵的轮船，只能随波逐流。

找到自己的人生定位，实现自己致富的梦想

有人说，成名要趁早。同样，对于二十几岁的年轻人来说，致富也要趁早。事实上，大部分的富翁在二十几岁的时候就已经在投资创业方面崭露头角甚至是功成名就了，如果一个人在二十几岁时还没找到自己的人生风向和目标，那

么，他这一辈子很有可能就与财富无缘了。

二十几岁决定了人的一生，二十几岁的年轻人要懂得找到自己的人生定位，实现自己致富的梦想。因为任何行动，如果没有一个明确的指引方向，都是无意义的。

同样，致富的过程也不是一帆风顺的，无数成功者为着自己的事业，竭尽全力，奋斗不息。然而，很多成就卓著的人士的成功，首先得益于他们充分了解自己的长处，根据自己的特长来进行定位或重新定位。

成功学专家A.罗宾曾经在《唤醒心中的巨人》一书中非常诚恳地说过："每个人都是天才，他们身上都有着与众不同的才能，这一才能就如同一位熟睡的巨人，等待我们去为他敲响沉睡的钟声……上天也是公平的，不会亏待任何一个人，他给我们每个人以无穷的机会去充分发挥所长……这一份才能，只要我们能支取，并加以利用，就能改变自己的人生，只要下决心改变，那么，长久以来的美梦便可以实现。"

的确，一个人在这个世界上，最重要的不是认清他人，而是先看清自己，了解自己的优点与缺点、长处与不足等。搞清楚这一点，就是充分认识到了自己的优势与劣势，更容易在实践中发挥比较优势，否则，无法发现自己的不足，就会使你沿着一条错误的道路越走越远，而你的长处，却被你搁浅，你的能力与优势也就受到了限制，甚至使自己的劣势更加劣势，使自己立于不利的地位。所以，从某种意义上说，是否认清自己的优势，是否能对自己有个准确的定位，是我们能否致富、成功的关键。

当然，二十几岁的年轻人，根据自己的优势致富，这不但有助于我们在致富中保持一种正面的积极态度，还有助于帮助我们转换成积极的行动，这无疑是一项超强的利器。

行动是将梦想变为现实的唯一方法

在现实生活中，我们不难发现一个现象，很多成功人士并不是高学历者，那些高学历者也并不一定能成功，这是为什么呢？其实，这与他们对待梦想的态度和行为不无关系。低学历者更注重实践，为了目标，他们制定好计划，然后一步一个脚印地努力，而一些高学历者则太过注重理论知识，这种现象在开放的社会已经较为普遍，我们并不是说这是一种必然，但从一个侧面可以看到，光想不做是不会有好的结果的。

曾经有哲人说过，“梦想指引我们飞升”。我们都知道梦想的伟大力量，但把梦想变为现实只有一个方法，那就是行动。

那么，活在当下的人们，如果你希望自己成为一名成功者，那么，从现在开始，你就得放下空想，给自己规划一个详细的人生目标，并按照自己现有的自身条件去为之奋斗。只要你这么想了，也这么做了，那么你的人生最终就是成功的。否则，你永远只能“做梦”，而无法实现“梦想”。

生活中的人们，也许现在的你也有很多梦想，你可能希望自己能成为一个著名企业家、一名人民教师、歌唱家等，但无论如何，你要知道，理想不同于妄想和幻想，目标要切实可行，行动要脚踏实地。这样，你离你的梦想就不远了。

看古今中外历史上的每一个伟人，无不是既拥有超前的思想又拥有超凡的行动力，并通过发挥自己的优势而赢得荣誉的。一句话，行动促就梦想。说一尺不如行一寸，也只有行动才能缩短自己与目标之间的距离，只有行动才能把理想变为现实。成功的人都把少说话、多做事奉为行动的准则，通过脚踏实地的行动，达成内心的愿望。

要知道，谁也不会随随便便成功，要成功，就要突破，就不能安于现状。做到突破，就要从现在开始，一步一个脚印，逐步提高自己，抓紧时间，奋斗进取，你就能拼搏出属于自己的一片天地。同时，当你跨过人生的沟坎之后，你会发现，原来，一切困难不过是前进路上的小石子，轻轻一踢，它们就滚开了。

的确，“空谈误国，实干兴邦”。大到国家，小到个人，万事万物都得由小到大。或许你现在做着看似不着边、没有前景的工作。但我们要坚信，事物发展的道路是迂回曲折的，巴纳德说过：“机会只偏爱那些有准备的人。”成功的秘诀在于开始着手。现在就采取行动，决不拖延，行动高于一切！把握现在的瞬间，从现在开始做。

“一切用行动说话”，这是我们每个人应该记住的，仅仅只有理想是不够的，理想必须要付诸行动，如果没有行动，那理想永远只是空想，只是空中楼阁，海市蜃楼，只会遥不可及。

一般而论，我们的基础打得愈扎实，其成长、成功的空间就愈高。只有将基层工作了解透了，做事到位了，才能开始做比较复杂和难度较高的工作，这就是循序渐进。

要从基层做起，要遵循如下三个方法。

1.调整心态

年轻人就业从基层做起，有一个调整心态问题。有的年轻人对从基层工作做起的观念不屑一顾，认为自己是干大事业的，这种就业心态需要调整。想干大事业，同从基层工作做起并不矛盾，把基层工作的小事情做好，就能为今后干大事业打好基础，因此，你一定要培养乐于从基层做起的心态，只有心态调整好了，才能在基层工作领域增长知识和才干。

2.耐得住寂寞

基层工作大多是琐碎的，重复的，很难给人以快乐和挑战的感受，产品研发人员在生产车间了解产品生产工艺流程是琐碎的，营销员拜访客户是重复的，因此，年轻人还要培养耐得住寂寞的职业操守。只有耐得住寂寞的人，才能在基层工作中有所学习、有所积累，才能赢得未来的职业生涯发展。

3.积累经验

很多企业要求员工从基层做起，其目的是为了让新员工积累基层工作经验。积累基层工作经验是最有价值的，它如同建造职业生涯大厦的基石，因此，作为职场新人，要有意识地在企业基层工作过程中积累经验，为未来职业生涯发展奠定基础。

因此，不管你的梦想多么高远，先做触手可及的小事。梦想是一个大目标，你需要做的是完成每天的小目标，这样，你朝大目标就进了一步。每进一步，你就会增加一份快乐、热忱与自信，你就会消除一份恐惧，你就会更踏实，就会从积极的思考进展成为积极的领悟，那么，就没有一件事情可以阻挡得了你。

年轻是为梦想拼搏和奋斗的最好岁月

年轻人，如果你不是富二代，挣钱又不多，那你拿什么来享受生活呢？趁着年轻，努力一把，而不是安于现状，这样你才有能力为高品质生活买单。生活充斥着酸甜苦辣，只有经历了苦辣之后，才能体会到生活的甘甜之味。年轻是美好的年纪，你的选择不同，人生经历也有不同，有人选择安逸的生活，有人选择疯狂，而我选择在这美好的岁月里洒下汗水，种下希望，努力奋斗。当然，努力并非说说而已，年轻人需要给自己制定目标，有一个良好的心态，努力学习，不断充电，对自己想做的事情有一种强烈的欲望。如果你无限渴望去做某件事情，那全世界都会给你正能量去实现。

志存远大，这是一直被我们推崇的。但是在现实中，仅仅努力还远远不够。作为年轻人，谁都妄想自己能一步登天，一夕成名，一下子便成为一个亿万富翁。有目标、有憧憬是好事，但善于规划才是硬道理。

年轻，没有理由不努力，与其在暮年擦拭悔恨的泪水，不如趁年轻努力一把。年轻人要敢想敢做，勇于付出，相信没有什么是做不到的，也没有什么是能够难倒年轻的自己。人生不息，奋斗不止，只要你还年轻，就大胆勇敢地向前冲，只要坚定信念，成功就会在眼前。年轻人，只要梦想还在，那就在美好的岁月里保持前进的脚步吧！

第02章 奇迹的另一个名字叫努力

生活中的人们，你相信奇迹吗？也许大部分人并不相信，在他们看来，奇迹的另一个代名词就是“不可能”，而这其实只是因为他们并未做出超出常人的努力，没有为梦想真正拼过命。其实，相信奇迹才是一种正能量，一种信念，奇迹的另一个名词叫努力，当努力达到极限，相信，奇迹会眷顾你的。

现在就做，绝不能耽误一秒

我们发现，生活中，总有一些人感叹自己拥有一大堆梦想，问他为什么没实现，他的理由就是：来不及了。真的来不及了？既然无力改变又何必总是埋怨？如果埋怨、不满，又为何不去努力改变？如果你留心一下周围形形色色的人，就会发现，那些少数活得快乐的人，并不是因为他们有很多钱，也不是因为他们有更好的房子、工作，他们只不过是能够真正地为实现梦想而努力，怀着最真诚的心去追求自己想要的东西。

事实上，任何人，只要树立自己人生的目标并为之努力，就没有什么来不及。只要你立即行动、大胆地去实践，而不只是把它当成一个遥不可及的梦想，你就能实现，相反，如果你默默地将梦想藏在心底而不付诸行动的话，你只能感到莫大的遗憾。

相信不少人都了解，曾国藩一生叱咤风云，37岁就官至二品，但我们可曾想过，他所处的年代正是清廷衰败之际，但他并没有因为这点儿自暴自弃，而是毅然决然决定力挽狂澜，要为民族振兴而读书学习。

曾国藩告诉我们每个人，任何时候立志都不晚。成功不在于起步时间的早晚，也不在乎年龄的大小，只要我们为成功付出了相当的努力，成功就会来到我们的身边。反过来说，真正的成功来自于长期持之以恒的努力，任何急于求成和投机取巧都是无济于事的。一个投机取巧的人，一定一事无成；一个急于求成的人，不配做高手。

所以，生活中的人们，如果你希望在未来过上幸福的生活，从现在开始，你就要早做打算，就要从现在开始努力。并且，再也不要被那些消极的思维左右自己了，不要认为自己年纪大，不要认为自己愚笨，要成为一个积极向上的人，培养自己的热忱，找到自己的目标，我们就能为现在的自己做一个准确的定位，就能实现自己的人生目标。

索菲娅是哈佛大学艺术团的一位歌剧演员。

在一次演讲中，她当着全校师生的面提及自己的梦想——毕业以后先去欧洲进行为期一年的旅游，然后，她要去纽约的百老汇闯出一片天地。

就在这天下午，她的心理学老师问她："我听说你想去百老汇，那么，你今天去百老汇跟毕业后去有什么差别？"

"是呀，大学并不一定能为自己争取到去百老汇的机会。"索菲娅觉得老师的话很有道理，于是，她决定一年以后就去百老汇闯荡。

"你现在去跟一年以后去有什么不同？"

索菲娅一想，的确如此，接下来，她告诉老师自己决定下学期就出发。

接下来，老师又问："你下学期去跟今天去，有什么不一样？"是啊，老师说得对，接下来，索菲娅有些晕眩了，她仿佛现在已经置身于百老汇那金碧辉煌的舞台上了……她说"我决定下个月就去。"

老师乘胜追击问道："那一个月以后去和今天又有什么不同呢？"

索菲娅的心情很激动，她说："好，我准备一下，一个星期以后就出发。"

老师步步紧逼："百老汇什么买不到？那些生活用品更是到处都是。那你要一个星期的时间准备什么呢？"

索菲娅激动地说道："好，我明天就去。"老师赞许地点点头，说："我已经帮你预订好明天的机票了。"

第二天，索菲娅就坐飞机来到了全世界艺术的最高殿堂——美国百老汇。

这天，百老汇一位著名的制片人正在筹备一部经典剧目，前来应聘的人很多，但这位制片人只需要10位候选人。索菲娅接下来两天做的事情是找到剧本，然后她把自己关在出租屋里自编自演。

面试的时候苏菲亚自信满满地对制片人说："我可以给您表演一段原来在学校排演的剧目吗？就一分钟。"制片人首肯了，他不愿让这个热爱艺术的青年失望。

索菲娅表演的正是制片人要排演的剧目，制片人惊呆了，因为眼前这位姑娘的表演实在太棒了。他马上通知工作人员结束面试，主角非索菲娅莫属。就这样，索菲娅来到纽约没几天就顺利地进入了百老汇，开始了她灿烂的艺术人生。

听完索菲娅的故事，生活中的你是否有所启示？的确，成功的人与那些蹉跎人生的人的最大区别，就是——行动！如果你能追溯那些成功人士的奋斗之路，你就会感叹："难怪他会做得这么好！"怎么样的行动能获得最大的成功呢？

是马上行动！生活中的你们，不要再感叹时光荏苒了，从现在起，立即行动吧，下一刻也许就是成功！

要做到现在就做，你需要执行激发行动的六大步骤：

1.我要得到什么样的结果

思考想要的结果，比如：下学期要达到的学习目标、背诵多少单词等。

2.达不到目标有什么样的痛苦

想象一下，没有达成这个目标可能的痛苦场景，比如：个人价值不被认可！

3.不行动有什么坏处

再思考，如果不行动会导致什么不良后果，比如：学习成绩不佳、目标完不成，不被认可、无快乐可言等。

4.假如马上行动，有什么好处

那么，如果立即行动，又会带来什么好处，比如：有机会当上班干部、个人价值将得到认可，考上好的大学等！

5.制定期限，马上行动

行动前，定下目标达成时限，比如：在两个月内，再提高十个学习名次！

6.将行动计划告诉你的父母、朋友和老师

看你的行动计划是否合理可行，先行检验一下，比如：告诉老师自己的目标，寻求他的辅导和支持，制定计划等。

任何人，只有树立了目标，内心的力量和头脑的智慧才会找到方向。目标是对于所期望成就的事业的真正决心。然而，要实现目标，我们必须现在就做，绝不能耽误一秒。

你不去改变，梦想就只能藏于心中

我们都知道，每个人都有巨大的潜能，而潜能就藏于人的潜意识之中。人的潜意识对于人的身体和力量，有着令人难以置信的影响。唯有长久的欲望和动机，人的潜能才能被激发出来。而人的梦想就是人的欲望和动机的来源。

然而，生活中，面对梦想，有些人慨叹：其实我并不喜欢现在的生活，我有自己的梦想……谈了一大堆的计划，一大堆的梦想，可是，最后他们并没有去实践，如果这么一问，他们还会摇摇头说：不行啊，无奈啊，没办法啊……真的有那么无奈吗？既然无力改变又何必总是埋怨？如果埋怨、不满，又为何不去努力改变？

当你对工作、对生活有了最初的梦想，你是能够大胆地去实践，还是仅仅把它作为一个遥不可及的梦想，最后只能默默地埋藏在心底，到老了才感到莫大的遗憾？

在第一次世界大战期间，法国有个很著名的上校叫泰勒，当时，他任第六师师长，他的处事方式很令人钦佩。

有一次，在他的儿子向他告别时，他告诫儿子说："孩子，记住："你的姓是泰勒，泰勒这个姓代表着做事能力。你永远不可以靠边站，让出路给其他敢于冒险的人走。你要冒险向前使他们让出路来给你走。"

接着，他继续说道："大街上行人拥挤，交通阻塞。但呼啸的消防车飞驰而过时，大家都自动地让出路来。当然你偶尔也会感到沮丧、软弱，但这正是你需要鼓起战斗勇气的时刻。只要你迈步向前，沮丧、软弱都会躲开你。"

一个人不愿改变自己，往往是舍不得放弃目前的安逸状况。而当你发觉不改变是不行的时候，你已经失去了很多宝贵的机会。任何成功都源于改变自己，你只有不断地剥落自己身上守旧的缺点，才能做到敢为人先，才能抓住第一个机会，才能实现自己的进步、完善、成长和成熟。

我们大多数人都与梦想渐行渐远。为什么呢？因为我们都认为梦想终归是梦想，只把它当成了遥不可及、无法实现的目标，而始终没有为梦想做出改变，并且，他们能找出很多自己的理由，比如，我没有足够的资金开创自己的事业；我的学历不高；竞争太激烈，做这个太冒险了；我没有时间；我的家人不支持我……没有足够的资金，没有学历，没有这个那个，其实都是缺乏意志力的人为自己找到的冠冕堂皇的借口。别忘了那句最常听说却最容易忽略的话：事在人为。

其实，我们每个人都应该为梦想而努力，只要想做，并坚信自己能成功，那么你就能做成。这正是行动的作用。世界著名的贝尔博士曾经说过这么一段至理名言："想着成功，看看成功，心中便有一股力量催促你迈向期望的目标，当水到渠成的时候，你就可以支配环境了"。

事实证明，如果能够跨越传统思维障碍，掌握变通的艺术，就能应对各种变化，在变化中寻找到新机会，在变化中获取新利益。在我们的生命中，有时候必须做出困难的决定，开始一个更新的过程。只要我们愿意放下旧的包袱，愿意学习新的技能，我们就能发挥自己的潜能，创造新的未来。我们需要的是自我改革的勇气与再生的决心。

另外，在你进行尝试时，你难免会产生一种“不可能”的念头，对此，你必须要从心理上超越他，只有这样，你才能站在高高的位置上，低头俯视你的问题。可见，对于梦想，如果你不敢改变现在的生活，没有超人的胆识，就不会有超凡的成功。

只要肯付出，总有收获

科学家爱因斯坦曾经劝告我们：人只有献身于社会，才能找出那短暂而充满风险的生命的意义。人生不是算术习题，更何况很多时候，一加一的总和经常超过了二。只要我们肯付出，终究会得到应有的回报，不必计较付出了多少，也不必计较等待了多久。

一个商人在沙漠行走了两天，途中遇到沙漠风暴，一阵狂风吹过，他有些找不到方向，要知道，在沙漠里迷路无异于死路一条。正当他着急不已时，他发现不远处有一幢废弃的小屋，他拖着疲惫的身子走进了屋内躲避风沙。这是一间不通风的小屋子，里面堆了一些枯朽的木材，饥饿和脱水让他几近绝望，就在这时，他却意外地发现角落里有一座老式抽水机。

商人兴奋地上前汲水，但却一滴水都没打上来——这是一口枯井。他颓然坐地，却看见抽水机旁，有一个用软木塞堵住瓶口的小瓶子，瓶上贴了一张泛黄的纸条，纸条上写着："你必须用水灌入抽水机才能引水！不要忘了，在你离开前，请再将水装满！"他拔开瓶塞，发现瓶子里果然装满了水。

此时，商人的内心开始交战——如果自私点，只要将瓶子里的水喝掉，他就不会渴死，就能活着走出这间屋子！

如果照纸条做，把瓶子里唯一的水倒入抽水机内，万一水一去不回，他就会渴死在这地方了……到底要不要冒险？

最后，他决定把瓶子里唯一的水，全部灌入看起来破旧不堪的抽水机里，以颤抖的手汲水，水真的大量涌了出来！他喝足水后，把瓶子装满水，用软木塞封好，然后在原来那张纸条后面，再加上他自己的话："相信我，真的有用。"在取得之前，要先学会付出。

生活也是如此，面对干旱的现实，如果我们不先往抽水机里灌入清水，我们就不会得到大量涌出的水，只有真实的付出，才会得到应有的回报。

上世纪七八十年代，人们的生活还不像现在这般便利，画家吴冠中经常托自己的邻居、朋友们做一些买米买面、换煤气罐的事，之后他就会拿自己刚画好的画去感谢人家，后来，随着他的名气越来越大，吴冠中开始对那些随意送人的画作感到悔意，他不是画张好的送去换回原画，就是花钱去把那作品买回来，然后立即撕毁。吴冠中还有两次烧画的事：一次发生在1966年，他把自己回国后画的几百幅作品付之一炬；另一次发生在1991年，他把自己十多年来的不满意的作品集中起来，一下子就烧毁了200多幅作品。他对人说："我这样做，并不是要维护自己的什么名声，而是要为后人负责，要把真正的艺术留飨后人。"

吴冠中先生作画，力求精品，讲究创新。在他心目中，粗制滥造、失去了创新的态度，那样就"笔墨等于零。"他用心、用功、毫不苟且的作画心态，这种付出使他作出的画价值连城。

很多时候，在我们期望得到什么的时候，我们必须先付出。如果你想得到别人真挚的友谊，你就必须以同样的真诚来对待你的朋友；如果你想得到上司的肯定，你就必须努力工作，做出成绩，让他看到你的业绩；如果你想得到心爱的人的心，你就必须肯花心思了解他（她）的爱好，投其所好。人生的付出就好像站在山顶等待回音，你努力了，呐喊了，但要经过一段时间才能听到回响。

真正的智者深谙吃亏是福的道理，他懂得用长远的眼光来看待付出与收获。实际上，上天从不会亏待每一个努力做事的人，与其对困难充满抱怨，不如去勇敢的克服它。能够取得成功的人，都是那些不怕困难，不怕失败，勇往直前的人，他们能够做到胜不骄、败不馁，踏踏实实地去付出努力。而那些要小聪明的人，看似精明，却总是没有得到期望的成就，在怨天尤人之际，他们需要有所反思。

人生需要付出，在付出的同时我们也在收获。付出是一棵稚嫩的果苗，由于爱的浇灌，我们收获了一大片果林；付出是一只可爱的小龙，由于心的沟通，我们收获了一只巨龙；付出是一道微弱的光芒，由于我们用心，我们汇成了一道比太阳还亮的光芒！辛勤的耕耘是收获之本，良好的付出是成才之道！任何事都是要有付出才会有回报的，要获得事业的成功，除了有一定能实现的坚定信念和义无反顾一往直前的精神外，还必须付出我们的努力。

坚定信念，奇迹才有可能真的出现

要知道，在创造美好未来的过程中，最重要的因素是来自于我们内心的真实想法。可以说，每个人都有自己特别的天分，在工作、生活中都能展现出聪明睿智、创意十足的一面，可若是在创造未来的过程没有真正了解自己内心的真实想法，没有坚定的信念相信奇迹会发生，那么一切好运与成功都会落空。

每一个取得成功的人都知道，之所以能够成功是因为他们战胜了一切反对的意见，坚持住了自己的想法并将它付诸行动。就像詹姆斯·亚伦在《当人思考时》一书中说的那样，“坚持着一串特殊的想法，不论是好的是坏的，都不可能不对性格和环境产生一些影响。人无法直接选择环境，可是他可以选择自己的想法，这样做虽然间接却必然会塑造他的环境。”那么，我们的想法到底能成为闪闪发亮的钻石，还是不值一钱的碎石，除了靠别人赏识外，最重要的就是先要坚定的相信自己，用尽全力去努力，这样才能真正创造出别人口中的“奇迹”。

这是一个关于奇迹的故事。

很多年前，有一位19岁的年轻人正在念大学，他聪明、勤奋，更重要的是，他坚信自己的努力付出能够得到应有的回报。有一天晚上，他吃完晚饭后，如往常一般开始思考导师给他安排的作业。导师认为他是一个极具数学天赋的人，所以总会给他安排一些有额外难度的习题，和往常一样，年轻人很快就完成了前面的题目，但是在面对最后一道题时，他感觉难度很大，若按照寻常的方法将无法解出答案。

这道题要求他用圆规和一把没有刻度的直尺做出一个正十七边形的图案来，他从来没有遇到过这种类型的难题，经过一段时间的冥思苦想，他还是没有找到解开谜题的方法。接下来要怎么办？放弃解答，明天去问导师做题的思路？不，年轻人否定了这种想法，他相信世界上没有解不开的难题，只是自己没有找到解答的方法而已。后来，他改变了自己的思考方法，边画边想，脑中充满了很多非常规的思维。经过这一夜的思考战争，他终于在纸上画出了一个非常标准的正十七边形图案，年轻人非常的兴奋。

第二天一早，年轻人将自己的作业交给导师，并对他说，“老师，最后一道题非常的难，我用了一个晚上才做出来，但我很兴奋，这就是数学的魅力，如果可以，您可以再给我出些这样的题目。”听完他的话，导师惊呆了，一边翻看他的作业，一边不可置信地问，“这是你自己完成的么？独自完成的？”年轻人肯定的点了点头，导师早已掩饰不住内心的激动，他无比高兴地说：“简直难以置信，你竟然用一个晚上的时间解决了这个两千年来悬而未决的难题，要知道，阿基米德没有做出来，牛顿没有做出来，包括我自己也没有做出来，这是一个奇迹，你真是一个难得的天才。”

后来我们都知道了，这个年轻人就是德国著名的数学家、物理学家、天文学家、大地测量学家约翰·卡尔·弗里德里希·高斯。多年后，当高斯忆及这段往事时，仍感慨万千地说，如果当初导师告诉他，这是一道悬疑两千多年的数学题，他恐怕用十年的时间也未必做得出来。

每个人都希望能够取得成功，但却从没想过要先从自身改变，天下从来没有免费的午餐，正所谓一分耕耘才能有一分收获，如果你希望拥有成就，就必须先具备能像成功者一样思考的态度。要知道，相信奇迹会发生，才能创造真的奇迹。而有时，相信奇迹的信心比金子更宝贵，纵观各行各业的成功人士，他们有不同的背景、不同的能力、不同的技术，但唯一相同的就是都具有相信自己一定能成功的信心，他们从没有质疑过这个事实，因此，他们无法理解为何有人会半途而废，他们也很难理解别人为何总是失败，因为对他们来说，成功的秘诀很简单，就是坚信自己的努力将获得回报，奇迹一定会发生。

你可以选择你想要的人生，你可以虚度时光，浑浑噩噩，也可以奋发图强，力图振作。你可以推翻所有过去生活的节奏，也可以转换当下的思维模式，对自己的行为有所修正，不放弃、不放纵，相信自己一定能成功，让自己的言行慢慢变成良好的人生习惯，那么你的命运也即将改变。

现在开始也不算晚，一个好的故事可以单纯的欣赏，也可以当做是改变自己契机，当你知道自己需要改变的地方，并致力去改变它时，你就成为了一个有勇气又明智的人。要记住，欲望可以提升自己，毅力可以磨平高山，相信奇迹，才能创造真的奇迹。

将“不可能”从你的字典里删除

李嘉诚说：“觉得自己做得到和做不到，其实只在一念之间。”在这个世界上，没有什么事情是不可能做到的，在世界上有许多事情，只要你有信心去做，你就能成功。当然，我们需要在思想上挣脱“不可能”这个束缚，从行动上开始向“不可能”挑战，这样我们才能将“不可能”变成一切皆有可能。在这个世界上，一切皆有可能，只要我们敢想，只要我们对自己充满信心，那些看似“不可能”的事情就会成为无限可能，让“不可能”只出现在字典里，用信心去战胜现实。

如果有人说“水声可以卖钱”，你一定会说：“这是不可能的事情。”但是，在美国有个人用立体声录下许多潺潺的水声，复制后贴上“大自然美妙乐章”的标签高价出售，大赚了一笔。在日常生活中，许多事情告诉我们一切都是有可能的，在我们的字典里从来没有“不可能”这三个字。

在生活中，许多人不敢追求成功，原因并不是追求不到成功，而是他们在还没有开始追逐之前就在心里默认了一个“高度”，这个高度常常暗示自己：成功是不可能的，这个是没办法做到的。“心理高度”成为了人们无法取得成功的根本原因之一，自我设限是一件很悲哀的事情，所以，我们要将成功的信念注入血液之中，不断地告诉自己“我能行”“我努力就一定能成功”“我是最优秀的”，不断增强自信心，勇于向成功奋进。

一天夜里，小偷潜入了谈迁的家里，但是，小偷发现谈迁家里空荡荡的，根本没有什么值钱的东西。正当小偷失望而归的时候，他一眼瞥见了屋子角落里有一个锁着的竹箱，小偷如获至宝，以为里面装着值钱的财物，就把整个竹箱偷走了。其实，那个竹箱里并没有什么值钱的东西，而是谈迁刚刚写好的《商榷》，对小偷来说，这东西一文不值，而对谈迁来说，却是珍贵的书稿。

20多年的心血化为了乌有，这对谈迁来说，是一个致命的打击。他已经年过半百，两鬓花白，似乎无力坚持下去了。但是，谈迁没有放弃，他不断地鞭策自己：再写一本将会更精彩。在强大信念的支撑下，谈迁从痛苦中崛起，重新撰写那部史书。10年以后，又一部《商榷》诞生了，新写的《商榷》104卷，500万字，而内容比之前的那部更精彩、翔实，谈迁也因而名垂青史。

小偷在无意之间使谈迁鞭策自己，重新撰写了《商榷》这部史书。或许，正是因为再一次的仔细撰写，使得《商榷》更精彩，而谈迁也因此而名声大振。生活有时候就是这样，或是有意无意之间影响自己，然而，只要不停止对自己的激励，我们永远都有再站起来的那一天，成功从来不曾离我们而去。

生活中有许多困难与挫折，面对这些困境，许多人总是不由自主地说“我不能……”在这样一种心理的影响下，他们不敢正视现实中的挑战，对自己缺乏信心，最后导致自己的潜力并没有得到充分的发挥。其实，我们之所以不能成功的原因在于：缺乏自信，总是被“我不能”先生左右。所以，不妨试着把“我不能”埋在地下，相信自己，用积极乐观的心态来面对一切，这样，那些困难与挫折就会迎刃而解。永远不要让“不可能”禁锢自己的手脚，对自己要充满信心，勇敢地向前迈一步，坚持到底，那么，“不可能”就变成了“一切皆有可能”。

成功来自于自信，自信者有着决胜的信念，在李嘉诚的字典里是没有“不可能”这三个字的，他不达到目的就不罢休，坚决咬定青松不放松，使“不可能”变为“可能”。其实，能够打垮自己的往往不是别人，而是内心的“不可能”先生，所以，相信自己，相信“一切皆有可能”，不要把一次失败就看做是人生的终审。

坚持付出，你总会超越平凡

现实生活中，我们总是羡慕那些成功人士，我们被他们身上闪耀的光环所迷惑，甚至非常崇拜他们，还有些人不顾一切地模仿他们。然而，成功总是带着每个人独特的印记标签，就像这个世界上绝没有两个完全相同的人一样，这个世界上也绝没有两种完全相同的成功。正如人们常说的，每个人都是世界上独一无二的个体，同样的道理，每个人的成功也是绝不可复制和模仿的。当然，这并不意味着每种成功之间毫无共同之处，相反，成功的确是有共性的。细心的朋友们会发现，大凡成功之人，不管有着怎样的过人之处，他们最显著的特点就是，他们都很努力，而且是持之以恒、坚持不懈的努力。所以，加拿大的一位畅销书作家曾经在自己的书中提出，任何人只要愿意坚持一万个小时的努力，就能够超越平凡，成就不凡。这就是举世闻名的一万小时定律。

我们也许对于二十四个小时非常熟悉，且印象深刻，因而每天都有二十四个小时。但是对于一万小时，我们还真是觉得有些丈二和尚摸不着头脑。那么，不妨让我们进行一个最简单的运算。即一万个小时就是你每天抽出三个小时的时间来做自己喜欢的事情，要坚持十年。对于演员在舞台上的表演，人们常说台上一分钟，台下十年功。由此可见，十年的确是可以有所成就的。那么，假如我们真的坚持十年的努力，我们的人生又会发生怎样的变化呢？假如你愿意，你完全可以试一试，即使失败了，你也不会有任何损失。但是一旦成功，你就会变得超凡脱俗。

为了验证一万小时定律的作用，有位匈牙利心理学家特意安排他的三个女儿学习国际象棋。要知道，他的女儿们原本对国际象棋并不感兴趣，正是因为他的安排，她们才每天抽出三个小时学习国际象棋。最终的结果出乎心理学家的意料，他的女儿们全都成为了国际象棋大师，成为了国际象棋领域中首屈一指的伟大人物。要知道，这三个女孩并不喜欢国际象棋啊。那么，如果一个人能够把一万小时定律运用于自己感兴趣的事情，结果可想而知。

古代社会，人们崇尚头悬梁锥刺股，往往把学习搞得特别辛苦。现在，人们不要求苦学，而是要有毅力，能够坚持下去。这样一来，聚沙成塔，在日积月累的努力中，人们才能不断进步，从而最终超越和成就自我。

曾经有个女孩，她特别喜欢写作。但是，她在写作方面并没有太大的天赋，尽管她多年来一直坚持写作，而且总是定期誊抄自己的文章，将其寄给编辑部的老师，但是她从未有过任何作品发表。后来，她再一次收到一位熟悉编辑的退稿，这位编辑知道女孩的经历，也知道她对于文学的热爱和执着，因而好心提醒女孩："这么多年来，我觉得你真的没有写作的天赋，但是我却发现你的钢笔字写得越来越漂亮！"就这样，女孩突然间找到人生的方向，她开始勤奋练习书法。因为此前誊抄文章的刻苦坚持和付出，她在书法的道路上越走越远。最终，她成为了著名的书法家。

常言道，世上无难事，只要肯攀登。现实社会中，每个人都有自己的优点和特长，也有自己的缺点和不足。一个人要想获得成功，除了要找到属于自己的道路之外，还要具有坚持的毅力，从而才能最大限度地发掘自身潜力，让自己扬长避短。

现代社会，尤其是对于年轻人而言，简直梦想泛滥，各种心灵鸡汤层出不穷。然而，任何别人的故事都只是故事而已，我们唯有创造自己的传奇，才能实现自己的梦想。朋友们，与其当别人成功的看客，我们不如从现在开始就刻苦努力，坚韧不拔，每天坚持付出一点点，等到随着时间的推移积累到一定的量，我们就能实现质的飞越。也许在坚持的过程中，我们的人生还会有意外的惊喜呢！

第03章

不要等到生活为难你时，才来后悔过去太安逸

生活中的人们，现在的你是否衣食无忧，是否有安逸的工作，是否认为自己已经十分优秀？如果你有这样的思想，那么，你很有可能有了骄傲自负的心理。要知道，现在的安逸不代表一生的安逸，现在优秀，不代表一生优秀；要知道，现代社会，无论是知识还是技能，无不在随时更新，竞争之激烈我们早已心知肚明。所以，生活中的你，要尽快调动起自己的奋斗心，为未来和梦想奋斗，绝不可放任自身。

骄傲自负，只能止步不前

生活中，我们都听过“水满则溢”的故事：一个容器若装满了水，稍一晃动，水便溢了出来。一个人若心里装满了骄傲，便再也容纳不了新知识、新经验和别人的忠告了。故古人云：“满招损，谦受益。”生活中的我们，同样也不能骄傲自负，一旦你放任自身，就会止步不前、一无是处。

曾国藩在其写给家弟的家书中曾告诫其弟要戒掉傲气，力戒自满，不为别人所冷笑，才有进步。早年间，曾国藩自己发现自己身上的毛病实在太多了，好色，吸烟成瘾，爱睡懒觉，起居懒散，心浮气躁，争强好胜，爱交际，打牌下棋，饮酒喝茶，言不由衷等。他意识到，如果放任自身，他就会一无是处。因此他喊出了一句极端的口号：不为圣贤，即为禽兽。此话令别人颇难理解，对他本人却很贴切。

的确，人都是有自满情绪的，尤其是当自己取得了一定的成绩后，心态便会变得不一样，甚至在穿着打扮上也会超前很多，说话、动作都会狂妄起来，并急于把自己的成绩告诉别人，生怕别人不知道，他满以为，这样，周围的人会对他刮目相看。而对于周围人的吹捧，他也很受用。但是，只要有这种感觉，人的意志就会消沉，人的精神就会沉浸于那种享受中，不会再努力去工作，而是刻意追求名利。自己的工作如果再努力一些，也许会做得更好，但这时候的自己已经很满足，"差不多就行了"的思想慢慢在内心占了主导地位。

所以，我们每个人，在成就面前，都不要利令智昏，让虚荣心钻了空子。你需要记住的是：天外有天，人外有人，你需要学习的还有很多。

为了克服自满情绪，我们需要做到：

1.多主动请教他人，看到自己的不足

一个人取得成就后，容易自满，看不到自己需要改进之处，那么，你可以主动请教他人，让他人从旁观者的角度帮你指出来。一般情况下，对方都是乐于向你传授经验和教训的。

2.切实提高自己各方面能力

一个人只专注于某一方面特长或者某一爱好，在此方面投入的精力更多，期望也就越多，一般也就容易取得成绩，也容易自满，但“人外有人，山外有山”，即使你这次成功了，但并不一定代表你永远成功。而如果你能培养自己多方面的能力、兴趣、爱好等，那么，你在拓展视野的同时，也会学习到各种抗挫折的能力、知识、经验等，具有较完善的人格，这对于提高自己的自理能力、交往能力、学习能力和应变能力都有很大的帮助，也有助于为你独自战胜困难提供勇气和方法。

3.勇于创新

骄傲自满，你将很快就被超越。而只有进步才能获得更强的竞争力。然而，没有创新就不可能有进步。因此，你应该将自己的求知欲望和求知兴趣激发出来，鼓励自己多参与动脑、动手、动眼、动口，使自己善于发现问题，提出问题，并尝试用自己的思路去解决问题。

任何人要想不断进步，就必须保持谦逊的心态，脱胎换骨，虚心学习，全面接受新知识，全面适应新环境，全面构建新素质，而不能骄傲自满，更不能自以为是。

忍耐下去，终会守得云开见月明

我们都知道，大千世界，处处都是存在辩证法的，有得就有失，有失也有得，得与失是矛盾的统一体，其中，要成功就不能贪图享乐。我们不难发现，对于大凡做出一些成就的人来说，他们必定会经受一些磨难，吃尽苦头，然后才能等到出头之日，一鸣惊人。在这个过程中，他们不断地忍耐着痛苦与辛酸，精神上的，身体上的，那些痛彻心扉的日子，他们咬着牙，将滴落的血吞进肚子里。有时候，为了完成自己心中的理想，他们可能会需要寄人篱下，甚至遭人白眼，受人讽刺，但他们都忍耐了过来，在这个过程中，他们放弃的就是暂时的享乐。但实际上，他们明白，他们最终会有守得云开见月明的一天，到那时，自己以前所受的所有苦难都是值得的，因为它们已经凝结成了耀眼的成功的光环。

对成功人士来说，任何委屈都不足以让他心灰意冷，相反更加能鼓舞士气，激发起一定要做成大事的欲望。能忍耐的人，能够得到他所要的东西。忍耐即是成功之路，忍耐才能转败为胜。

的确，在人生发展的道路上，我们如何选择继续往前走，决定了我们生命的高度，一些人贪图享乐，甚至总是愿意一条道走到黑，他们浑浑噩噩地度过每一天，在错误的道路上越走越远，在追逐已定目标的道路上逐渐迷失了自己。因此，我们每个人都应该学会正确地定位自己、认清自己，看到自己的价值，然后找准目标，挖掘到自己的内在动力，再朝着正确的方向努力，你就能充分发挥自己的价值。总之，我们要告诫自己，绝不做一个没有追求、漫无目的的享乐主义者！

然而，我们不得不承认的一点是，现代社会，随着生活水平的提高和科学技术的进步，一些人被周围的花花世界所诱惑，一有时间，他们就置身于灯红酒绿的酒吧、歌厅，就连独处时，他们也宁愿把精力放在玩游戏、上网上，而时间一长，他们的心再也无法平静了，他们习惯了天天玩乐的生活，他们再也没有曾经的斗志，最后只能庸庸碌碌地过完一生。

因此，无论何时，我们都要控制自己的“玩”心，享乐只会让我们不断沉沦，闲暇时我们不妨多花点时间看书、学习，不断地充实自己，才能在未来激烈的社会竞争中立于不败之地。

“每天下班后，我宁愿去图书馆看看书，也不愿意和一群人聚在酒吧，每读一本书，我都能获得不同的知识，有专业技能上的，有人生感悟上的，有风土人情，有幽默智慧，我很享受读书的过程，每次从图书馆出来都已经夜里十点了，在回家的路上，看着路边安静的一切，风从耳边吹过，我真正感到了内心的安宁。同事们都说我这人太宅了，但我觉得，这样的生活很充实，有书籍陪伴，我从不感到孤独。实际上，在很久以前，我也是个爱玩的人，常常和朋友喝酒喝到半夜才回家，一到周末就约朋友出去吃饭、唱歌，我很少一个人呆着，有时候，真当我一个人在家的时候，我也会找一些娱乐项目，比如上网、打游戏、跳舞等，我觉得自己根本闲不下来。

“但就在我三十岁生日那天，发生了一件令我这辈子都无法释怀的一件事，我的一个朋友，那天晚上，我们喝得很多，离席后，他开着车自己回去了，谁知道在半路上出了车祸。我很后悔，假如我没有让他喝那么多的酒，就不会出事，从这件事以后，我改变了对人生的看法，如果我的下半生还是这样浑浑噩噩地过，那么，这和一具行尸走肉又有什么区别呢？

“后来，在一个图书馆管理员朋友的推荐下，我开始接触到了各种各样的书籍，从这些书中，我学到了很多……”

这是一个深爱读书、拒绝玩乐的人的内心独白，的确，他说得对，一个整天玩乐的人就如同一句行尸走肉，真正内心的快乐其实并不是玩乐能带来的，而是需要努力充实自己的心灵。

任何一个人，要想有一番作为，就必须要学会自控，控制自己的“玩”心、剔除自己的享乐主义心理。事实上，那些成功者之所以成功，并不是因为他们喜欢吃苦，而是因为他们深知只有磨练自己的意志，才能让自己保持奋斗的激情，才能不断进步。

困境来临时，能帮助我们的只有坚强

坚强是一种品性，是人生遵循宇宙规则，万千锤炼，磨励出来的结果，坚强也同是一柄掌舵的桨，也是每一个人在不幸和屡遭失败，在伶俜寂寞中的一颗永恒支撑身心的精神柱梁，更是斩却心之魔的一把利剑。在生活中，每个人都是一个勇敢的战士，只是有些人从没有一个恰到好处的时机来让我们表现出自己的勇敢。可悲的是，有些人在命运的考验中，暴露了他们与勇敢形成极大反差的怯懦，从而一败涂地，随波逐流。人生没有十全十美，每个人的观点都各有不同，而当困境来临时，能帮助我们的只有坚强。

年初，姐姐打来电话，说要把女儿送到北京，让我关照一下。

第二天，我没有去接她，她是哭着找到我家的，我对她说，我可以管你吃住，但钱要你自己去挣，我不会给你一分钱。

她听后睁大了眼睛。第三天，我通过朋友给她找了个临时工作。十天之后，她的心情开朗起来，当她拿到工资的时候，已经变得活跃了。正在这个时候，我叫那位朋友开除了她。朋友很直接地对她说，你不能胜任这份工作，你舅舅的面子也只值一个半月。

外甥女一夜无话，她的沮丧我是知道的。第二天，她的眼睛红肿。我说，你现在可以选择回家。外甥女摇头，我要留在这里，我要工作。

那好。我说，你现在就去买报纸，报纸会让你找到工作，你目前最大的任务是糊口，你知道，我不会给你一分钱。她再一次瞪大眼睛看着我。

第二天，我给她租了房子，让她搬出去住，离我较远。我跟她说，在北京，你没有舅舅，今天有，明天不一定有，今年有，明年不一定有，人生是无常的，你赤条条来到人世本无依靠，要学会坚强，自己的路，一个人去走。她听完后，表情极为复杂。

两个多月后，她再次失业，来到我家时，人很消沉，她说，想挣一份工钱真不容易。

我说，你失业，我祝贺你。她惊诧地看我。我说，其实你已获得比钱更珍贵的东西。

两天后，外甥女又找到了新工作。她说她看准了，要去卖库存衣，把过时的衣服卖给外地来京打工的人们。我笑着鼓励她。

一个月后，她血本无归，很茫然地看我。我说，别哭，学会坚强！

去年冬天的时候，她拿出储备金，再一次走上创业之路。这一次，她卖的是水果，算是有一点儿利润。

之后就是“非典”时期，萧条的市场让她皱紧了双眉。

我又说，分析市场。她问，怎么分析呢？我说，非典会弄死一批行业也会兴旺一批行业，此消彼长是大自然的规律，你去想，去看报。

她很认真地分析了一天一夜，然后决定卖口罩，去人流比较多的地方。五天下来，她赚了两千多块钱。回来向我展示她的骄傲。我笑着说："五天你本有可能净赚两万的。"她眯起眼睛来看我，像看一个神话。我说："去印名片，带上样品，去敲每一个公司的门；注意质量、信誉、礼貌；自己去推销，有业务了，再花钱请两个送货的人，都要有手机。"

二十天后，外甥女说，她赚了六万。

去年八月，外甥女去了南方。临走的时候，她跟我说，大舅，我今年最大的收获不是赚钱而是学会了坚强，初来的时候我曾恨您，怪您冷酷，但现在我明白了，您没给我一分钱，但您给了我一生都享用不尽的"坚强"，现在我已经拥有了最强大的资本——坚强！今后任何一条孤独的路，我都会有信心以最为强悍的姿态走下去。

梦想，可以说是人生最大的财富。一心想要实现梦想的人，谁也阻挡不了他，除非是他自己先放弃。那些一碰到阻碍梦想的石头就投降的人，永远也无法实现自己梦想。而在通往梦想的路上，总是会碰到阻碍行进的石头，这不是别人设下的路障，而是我们自我设限的难关，我们必须想办法将它搬开，才能打开通往梦想的道路。

在实现梦想的过程中，除非你自己，否则没有人能真正为难你。拥有梦想的人，会比没有梦想的人，更加坚强、更加勇敢、也更有力量。

在生活的道路上，有灿烂的阳光，也有阴云密布，然而心灵是脆弱的，偶尔的风吹雨淋，也许会让你看不到出路，但是当你在风雨的摇曳中稳稳的站定之后，看到的阳光就是那样的灿烂，每一天依旧充满着期望。暂时的失败并不能说明什么，坚强些，你将看到风雨后的彩虹，那才是世界上最美的风景。

要迎着晨光实干，不要面对着晚霞幻想

科学家卡莱尔曾经说过：“要迎着晨光实干，不要面对着晚霞幻想。”这句话形象而准确地告诉我们：人不能沉迷

于美好和远大的理想之中，还应该付出比别人更多的努力。当我们发现一个良机的时候，就要敢于付诸行动，而不是犹豫不决。确实，在这个世界上，许多伟大的成功者都属于那些敢想、敢做、敢失败的人，而那些所谓智力高超、才华横溢的人却始终犹犹豫豫、瞻前顾后，不知道付出行动而最终导致一无所获。

人们常说“高风险意味着高回报”，只有那些敢于冒险的人，才会赢得辉煌的人生。当然，那些面临风险依然可以果断做出决定的人肯定胆识过人，他们不仅拥有过人的胆识，而且始终将行动放在第一位，敢想敢做，逆流而上，结果往往获得了出人意料的成功。

在职场中，许多内向者想改变自己的处境，想比现在做得更好，甚至，梦想着做一番事业，但是，他们往往是有了想法却总是瞻前顾后，犹豫不决，以至于许多好的想法、计划都死于腹中，最后，依然一事无成，在职位上平平庸庸地度过了一生。同样是一些敢想的人，他们没有犹豫，而是马上将自己的想法付诸于实践，最后，他们成功了。出现这样截然相反的情况，是什么原因呢？因为前者缺少了行动力，他们只愿意想，而不敢去做，因此，成功的机会总是与他们擦肩而过。

孔子说："君子耻其言而过其行。"意思是说，君子认为说得多而做得少是可耻的。在现实生活中，总是有这样一些夸夸其谈的人，他们口若悬河，说尽了大话，到最后，一件事情都没有完成，给上司和同事留下了"浮夸"的印象。一个人如果想要去做一件事，无论计划多么完美，倘若没有付诸实际行动，就不能体现出它的价值来。

内向者常常会陷入这样的境地：想得多，做得少。事实上，当我们大脑中有了灵感就应该付诸于实践，现在就去，马上就去。"现在"这一词语可以推进成功，可是，"明天""以后""某一天"就代表着"永远也做不到"。

大多数聪明的人，他们遇事冷静，他们不想自己的智慧被淹没在平淡的日子里。因此，一旦他们脑中有了好的想法，总是敢于去实现它，无论最后的结果是成功还是失败，他们总是先做了再说。

如果现在你的脑中有一些好的计划，那么，就应该对自己说"我现在就去做，马上开始"，而不是说"我总有一天会去把它完成的"。

在现实生活中，有许多人渴望成功，但却从未想过自己应该下怎么样的决心才能达到成功。那些坐在办公室里无所事事的职员，永远都是等待机会自动来到自己眼前，渴望唾手可得的成功在他们身上，缺少强大的决心，缺乏行动力，只会在等待中碌碌无为地过一生。

面对不公平，唯有努力才是抵达梦想的唯一基石

比尔·盖茨说："社会是不公平的，我们要试着接受它。"在这个世界没有绝对的公平，假如真的绝对公平了，反而会是另外一种不公平。一个人从呱呱坠地出生，就有很多的不公平，有可能是出生背景不同、家庭关系不同、受教育程度不同，这些对我们而言都是一种不公平。如何来缩小与他人之间的距离？唯有努力才是出路。每天我们为了生存，不得不努力地挣扎着，以争取属于自己的那片天地。但在很多时候，我们努力了，却没有得到期望的结果。这时不要较真，不要哭泣，也不要怨天尤人，我们需要平静地面对这个世界，因为这个世界没有绝对的公平，只有努力才是唯

一的出路。

十六岁那年，她成为全国最佳的年轻选手，被选派参加在澳洲举行的奥林匹克运动会，跑四百米接力赛的最后一棒，赢得了铜牌。她对这样的成就并不满意，于是再接再厉，四年后再次参加一九六零年的罗马奥运会。那一次，维玛·鲁道夫(Wilmna Rudolph)赢得一百米短跑，二百米短跑，又在四百米接力赛中的最后一棒中夺标，为全队赢得胜利。当年她更锦上添花，被选为全美最佳业余运动员，获得极高荣誉的苏利文奖。风雨之后，维玛的信心和努力得到了收获，她相信世界从来都是不公平的，但努力会是前方唯一的路。

人的成长是一个漫长的较量，能否取得最后的胜利，不在于一时的快慢，如果你能够在自己成长的道路上静下心来，遇到困难不气馁，不灰心，矢志不移地前进，那么最终你必将获得最后的胜利。

面对世界的不公平，任何的抱怨以及堕落只会成为你失败的烂借口，唯有努力和坚持才是抵达梦想的基石。世上没有什么东西能够代替努力，才华不能代替它，那些有才华的人不能成功的实例太常见了；天赋不能代替它，“没有回报的天赋”都快成一个俗语了；接受教育也不能代替它，世界上到处都是接受过教育而不得志的人，只有努力才是唯一的出路。

越努力，才会越幸运

许多年轻人对身边那些做出成就的人总是抱以羡慕嫉妒的眼光，从而感叹自己命运多舛，运气很差。不过，年轻人请重新审视一下自己，真的是因为运气很差吗？运气往往与好运相连，如果足够努力，那好运自然会到来。在这个世界，没有无缘无故的好运，所有的好运都是努力而来的。做人做事有多大的力气，就会有多成功。年轻人，永远记住一句话：越努力，越幸运。

年轻人，请放下你的浮躁，放下你的懒惰，放下三分钟热度，放空容易受诱惑的大脑，放开容易被新奇事物吸引的眼睛，闭上喜欢聊八卦的嘴巴，静下心来好好努力。当你认真地努力之后，你会发现自己比想象中更优秀，好运也会在期待中降临。

詹姆斯·康纳利很幸运吗？或许所有人都会这样觉得，但事实上你永远不知道他背后的努力。并不是每个人都能在逆境中坚持自己的决定。面临着参加奥运会就要离开学校，且需要自己自费参赛的严峻考验，詹姆斯·康纳利坚持自己的想法，最终博得了胜利。正如一位哲人所言：成功者大都起始于不好的环境并经历许多令人心碎的挣扎和奋斗。他们生命的转折点通常都是在危急时刻才降临。经历了这些沧桑之后，他们才具有了更健全的人格和更强大的力量。

在不少人眼里，莎莉是一个努力的女孩，她几乎一年中有360天都在工作。在几年前，她看起来还有点婴儿肥，现在却摇身一变成为了纤瘦励志女神。当然，莎莉的变化不仅仅在外表上，而且陆续推出了有影响力的作品，其能力也得到了大家的认可，可以说成为圈内的劳模代表。

但是，面对这些变化，莎莉却说："我希望努力度过每天，做最棒的自己，努力是我一个很好的开始。"其实，莎莉从小没有想过自己会成为活跃在大荧幕上的明星。小时候莎莉的父母对她要求很严格，让她学画画、硬笔书法、琵琶等，涉猎广泛，在这个过程中莎莉慢慢明白努力有多么重要。父母经常对莎莉说："你可以不是第一名，但你一定要是最努力的那一个。”所以，一直以来莎莉都坚信“越努力越幸运”，她希望通过自己的努力来赢得一次又一次的好运。她说：“加倍努力，终于让我化茧成蝶。”

在通往成功的路途上，任何的抱怨都无济于事，任何的借口都是白搭，唯有努力才是真刀实枪的本事。努力的年轻人，不用去寻找好运，因为他就是好运。越努力越好运，这确实是一个成功的奥秘。努力本身带给我们有益的东西远远大于成功，在努力的过程中，不断磨炼，不断尝试，到成功那一天，所有的努力都会聚沙成塔，成就自我。

你知道吗？风往哪个方向吹，草就往哪个方向倒。年轻人要做风，即便最后遍体鳞伤，但也会长出翅膀，勇敢地飞翔。努力吧！在路上的年轻人。一个年轻人如果缺少棱角、缺少勇气，无法选择走自己的路，那他只能成为被风吹倒的草。所以，大胆走自己的路，努力吧，总有一天，你会成为翱翔的雄鹰，繁华褪尽，剩下的只有荣光。

第04章

人生没有捷径，你只管走好脚下的路

成功，从来都不是一件容易的事，所以不少人在追求梦想的过程中因为困难、挫折、逆境而放弃了，一些企图寻找捷径的人也以失败告终，而实际上，成功就是不断奋进、克服困难的过程。只要不断地往前走，只要你专心致志，走好脚下的路，成功也许在不经意间就向你招手了。

内心不败，你总能成功

对于我们每一个人来说，即便自己的能力再强、机遇再好，在追逐梦想的过程中，也不可能保证自己一帆风顺。事实上，梦想实现的过程本来就没那么容易，我们总会遭遇各种各样的困难和挫折，有时候哪怕付出了再多的努力，却最终换来了失败的结局。其实，人生本没有输赢，只要我们内心不败，那总有一天，我们一样可以站立在成功的高峰。

俗话说："失败乃成功之母。"失败所带来的打击和痛苦都不算什么，只要我们能忍耐失败，在忍耐中等待机遇，那就有可能反败为胜，因为反败为胜的智慧往往是隐藏在忍耐中。当然，如果一个人难以忍受失败，在失败的压力下一蹶不振，甚至选择放弃自己的生命，那他是难以东山再起的。反败为胜的奇迹往往会降临在那些内心不败的人身上，他们只会给那些懂得忍耐的人带来希望和机遇。不管是失败，还是最残酷的打击，对于一个懂得忍耐的人而言，都算不了什么，因为他们明白，只要自己学会忍耐，在忍耐中发掘机遇，那最终是可以反败为胜的。

生活就是这样，在很多时候，输赢并不是我们所能决定的，面对输赢，需要保持一颗平和的心，更要学会忍耐，赢得起，更要输得起。内心不败，就是我们再次赢得成功的最好秘诀。

本来工作做得很好的麦克，突然接到了主管的宣布："麦克报告新闻的风格奇特，不容易被一般观众接受，以后不准播黄金段，改为深夜十一点的收播新闻。"麦克知道自己被贬了，但极力忍耐，装出一副愉快接受的样子："谢谢长官，因为我早就盼望运用六点钟下班后的时间进修，却一直不敢提。"就这样，麦克每天一下班就去进修，然后认真播报每天的晚间新闻。通过他的努力，夜间新闻的收视率提高了，观众好评不断，同时，也有不少观众反映：为什么麦克只播深夜，不播晚间呢？

总经理看见了，直接嘱咐主管说："让麦克尽快重新回到七点半的岗位，我下令他播晚间新闻。"麦克回到了黄金时段，但心中愤恨难平的主管却当众宣布："虽然麦克是学财经的，但是由他采访财经新闻容易产生弊端，以后改跑其他路线。”对跑财经已经颇有名气的麦克而言，这简直是侮辱，他怒火中烧，但他强忍了下去，他默默地承受了。

后来，在总经理的要求下，麦克还是回到了财经新闻的路线。这时主管又开始发难了：“我打算让你制作一个新闻评论性的节目。”麦克回答说：“好极了。”虽然他知道新闻评论性节目极不讨好，收入很微薄，但依然在忍耐中答应了。之后，麦克尽心工作，竟然将本来枯燥无味的新闻评论性节目做得有声有色。

过了不久，原来的新闻部主管调职做了冷板凳，而新任的主管正是麦克。

麦克一次又一次成功了，原因在于他在遭受失败的时候，不论结果是多么残酷，但他都默默地忍耐了下来。试想，如果当初遭受主管的责难，他就自怨自艾、一蹶不振，或者在一气之下拂袖而去，那又怎么能一雪前耻、反败为胜呢？“能忍人所不能忍者，必能成人所不能成”，麦克为这两句话做了最好的注脚。

总之，无论梦想是什么，成功都绝不是一帆风顺的，对于一个普通人来说，失败的痛苦是难以承受的，但如果你不断地忍耐，并在忍耐中挖掘机遇和灵感，那最终成功还是会属于你的。从失败到成功，你所经过的只是一个忍耐的过程，只要你能顺利地通过这条坎坷的路，那必然会再一次赢得成功。

尽职尽责去做事，才能获得有价值的提升

可口可乐中国有限公司前副总裁朱正中说过：“一个年轻人，如果既无阅历又无背景，只有自己可以依靠。那么，他最好的起步方法是：首先获得一份工作；第二，珍惜你的第一份工作；第三，培养勤奋、敬业的习惯；第四，认真学习和观察，获取真经；第五，要努力成为不可或缺、举足轻重的人；第六，成为一个谦虚、有修养的人。”像他说的，认真、尽责的工作，最大的受益者将是我们自己，若做事敷衍，不讲责任，那最大的受害者也必定是我们自己。

人们总是希望自己的职位和薪水都得到提升，希望自己的作为能够被人肯定，但有些人在工作、生活中仍抱有“为人打工”的心态，做事马马虎虎，完成即可，根本没有将工作成功当做自己晋升的跳板。要知道，只有在尽职尽责做事

的基础上，才能获得有价值的提升。

在东北一家皮毛销售公司里，老板想要提拔一个人成为公司经理，他让他看好的三名候选人到供货商那里调查下今年皮毛的数量、价格和品质如何。

第一个候选人很快就来向老板汇报工作，但老板并不满意，原来他并没有亲自去供货商那里调查价格，而仅仅是查了一下供货商往年供货的价格、数量，并对今年皮毛的品质做了猜想。这名候选人虽然汇报速度最快，但他的汇报结果并没有什么实际用途，老板毫不犹豫的淘汰了他。

过了半个小时，第二个候选人也来到老板办公室，他向老板详细报告了供应商的皮毛数量、价格和品质，虽然完成了老板的要求，但老板还是觉得有点不满意。

两个小时后，第三位候选人胸有成竹的走进老板办公室，他不仅详细汇报了供应商的皮毛价格、数量和品质，还根据公司今年的采购意向，从供应商那里选好了几款样品并做了详细记录，同时还到另外两家供应商处了解了下今年的行情，并对这三家产品做了详细的比较，制定出了最佳的购买方案。

这回，老板满意的笑了。

故事中的三个候选人代表了三种做事的态度，第一个候选人做事草率，一心只想敷衍着完成任务即可；第二个候选人只能说是中规中矩，没有自己的主观积极性；真正尽职尽责完成工作的只有第三个候选人，如果你是老板，你也愿意把升职加薪的机会留给他。

无论你从事何种职业，都应该尽职尽责地去做好它，决心攻克自己行业领域内的每一个技术高峰，让自己成为一个业务娴熟、能力丰富的人，这将是你取得成功的秘密武器。

一位哲人曾经说过："如果有事情必须去做，便全身心投入去做吧！"因此，无论你在做什么工作，都要尽心尽力地去做！一面贪图享乐，一面又想取得成绩，这种人做事无法善始善终，他自认为自己可以左右逢源，但却没有坚定的意志，无法达到自己追求的目标，终其一生还是默默无闻。

一个踏实工作的人，只能称作是称职；而一个尽职尽责工作的人，才能谈的到是优秀。用心做事不但能督促我们做好工作，还能帮助我们规划长远的未来，指点我们走过迷途，鼓励我们积极面对人生的每一个挑战，完美地诠释自己的精彩人生。

对自己不断完善的标准，是走向成功的第一步

人若想生活在社会中，就需要学习、工作，但同样是工作，因方法和态度不同，取得的结果也不尽相同。尽职尽责的去做事，不仅是一种方法、一种态度，更是一种崇高的境界，是一个人对自己不断完善的标准，也是我们走向成功的第一步。

敷衍做事，会让我们产生一种“为老板工作，为做事而做事”的想法，随之而来的就是被动应付的情绪，这在生活中会引发新的问题。而用心做事的人，在工作中机会发挥自己的主观能动性，看问题、找原因都积极主动，并及时总结经验教训，拿出解决办法，在他们的心里，他们是自己的主人，是在为自己做事。

做事是否用心不仅体现在对待工作的态度上，还决定着我们人生的成败，那些渴望得到晋升的人，在工作中并没有付出相应的努力，自然无法得到应有的表彰；而那些用心做事，尽职尽责的人必将得到相应的回报，实现自己价值的全新提升。

潜力只有真正地化为行动，才是你的能力

或许，你正生活得如鱼得水，处处展现极具魅力的自己。你常常沾沾自喜，不自觉地将自己定义为“潜力者”。什么是潜力者？在大多数年轻人看来，潜力者就是拥有能力的人，对于这些人而言只是需要一些机会而已，所以努力对他们而言反而没那么重要了。但是，年轻人，别人夸你有潜力，是好事，但也有可能是坏事。毕竟，潜力只有真正地化为行动，才是你的能力。最可惜的是那些有潜力却不努力的人，一辈子抱着自己的潜力，却无从发挥，空余嗟叹，空留悔恨。

如果你不去逼迫自己，潜力就只是潜力，它根本没办法自己转化为能力。如果你仅仅被人称赞有潜力，但如果你只是满足现有的生活，不再努力，那你最终只是一个潜力者，而非一个成功者。

年轻人经常听到这句话：你很有潜力。这句话本身会给予潜力者较大的虚荣心，让其产生无限的满足感；当然，如果旁边的人听到这样的话，他会高估潜力者的实力，等到了实际工作中，不管潜力者是否努力，旁边的人都会说：你并

没有发挥出自己的潜力。一个人具备潜能，但如果一辈子不努力不尝试，最终只会默默无闻、悄无声息，但是如果你努力起来，将潜力转化为能力和实力，那人生才会呈现出夺目的光芒。

威廉在某大学音乐系研修钢琴，他的老师是一位著名的音乐大师。当威廉上课的第一天，就收到了老师递过来的一份乐谱："试试看吧！"这份乐谱看上去难度很大，所以威廉在演奏时出了很多错误，不过老师只是鼓励他说："看来还不太熟悉，回家去多练习吧。"威廉回家后认真地练了一个星期，觉得自己水平有所提升，正打算让老师看看自己的进步。但没料到，老师又给自己一份难度更大的乐谱，且以相同的语调说："试试看吧。"威廉尽管心里有些想拒绝，但还是硬着头皮迎战。没想到，到了第三周，老师又拿出更难的乐谱。威廉为此十分困难，因为他每周都要对一份全新的且难度系数很大的乐谱挑战。而且，每次前一份乐谱还没练熟，后面的乐谱就来了，这让威廉很受挫，他深深地感觉到自己根本不适合学钢琴。

就在威廉打算放弃学钢琴的时候，老师又给了一份全新的乐谱。瞬间，威廉的心简直跌到了冰窟，自己已经练习钢琴3个月多了，基本上每周老师都会拿出最新的乐谱，不断提高难度。威廉勉强打起精神，开始练习，一会儿老师进来了，威廉忍不住抱怨了，为什么这三个月不停地折磨自己呢？

这时老师并没有说话，而是拿出最早的那份乐谱，交给威廉："你先来试试这份乐谱吧。"令人意想不到的事情发生了，在威廉的弹奏下，美妙动听的钢琴曲缓缓流出，老师这时才说："假如我不这样训练你，或许你到现在还是在练习这份乐谱，当然，你也不会达到这样的程度……"

在生活中，每个人身上都蕴藏着挖掘不完的潜能，只是它们无一例外地都被人忽视了。但是，只要我们足够努力，就可以激发出身体里的潜能，并获得自己想要的东西。一旦潜能得到激发，就会唤醒巨大的力量，那任何事情都会出现奇迹。

年轻人被称赞有潜力是一件好事，最好的是将这件好事变成更好的事情，那就需要努力。岁月如梭，人生的常态却是努力。即使努力后的梦想依然有可能会破碎，但在那些拼搏努力的瞬间，已经将自己的潜力最大程度地转化为了能力，而且拥有了不可忽视的光芒和热度。如果不努力，潜力等于零，一个不能将潜力转化为实际能力的人，更是对自己人生的一种辜负。

跨出第一步，路就在脚下延伸

人的一生有太多的等待，在等待中，我们错失了许多的机会，在等待中，我们白白浪费了宝贵的光阴；在等待中，我们由一个英姿勃发的青年，变为碌碌无为的中老年，我们还在等待什么？选择去尝试，总不会让自己在原地踏步。人生就是如此，只要你迈步，路就会在脚下延伸。只有启程，我们才会向理想的目标靠近。无论你的梦想和目标是什么，这些都只是你成功的开始，更主要的是立即开始行动，从而实实在在地看到成功的希望。这一点被许多人所忽略，其结果都是以失败告终。

当年，迪斯尼为了实现他心中的梦想，不断地呼吁去建造一个乐园，可是当时有非常多的人反对他，有的人担心会对环境产生影响；有的人担心他的资金有问题；有的人甚至怀疑他的头脑有问题；有的人说政府不会批那么大的一片地，可是迪斯尼不断地去想各种各样的方法：资金方面有问题，他跑了143次银行。他积极地寻求各方面资源的支持，最后，他梦想中的乐园——迪斯尼乐园，终于在美国开始兴建，到现在，被复制到了世界各地。

人生需要选择，需要你果敢地去拼搏，去行动，去做自己该做的事情，哪怕你很畏惧，哪怕你很犹豫，但如果摆在你面前的路是正确的，你就要立即行动起来。

人的价值，不光是在取得非常成就时才显现的，具有尝试精神的人，他的人生，也会丰富多彩，熠熠放光。经过尝试，我们会发现自己具有取之不竭的智力潜能，会发现生命中潜藏着许多连自己也无法想象的能力。如果不去尝试，这些能力永远也没有机会大放异彩。尝试，是铸造卓越与杰出人生的一种方式，是事业成功的一条重要途径。

第 05 章 你是什么样的人，就会遇见什么样的人

关于梦想，我们有太多的设想，但大多数人还是成为了平庸者，其中重要的原因是因为我们认为自己只能做到现在这样，经常悲观失望，对未来没有信心，做不到竭尽全力。而反观那些成功者，他们一开始就坚定信念，相信自己能做到，并且朝着目标努力奋斗，最终他们成功了，所以，你现在是什么样的人，决定了你未来能成为什么样的人，那么，你还犹豫什么呢？既然想做，就去努力吧。

转变心态，选择积极

生活中，我们经常听到有些人说，经常有人说“点头微笑，低头数钞票”“和气生财”“家和万事兴”之类的经验真谛，这些都充分说明了一个道理：因果联系，只有时时保持一种积极的人生态度才有获取成功的希望。我们只有在心里编辑出一道积极的心理公式，才能得出幸福的结果。因为任何人的一生，都需要我们用心来描绘，无论自己处于多么严酷的境遇之中，心头都不应为悲观的思想所萦绕，应该让自己的心灵变得通达乐观。

的确，积极的人，满世界都是“鲜花开放”，而悲观者看人生，则总是“悲秋寂寥”，譬如，同样是春雨霏霏，有人看到的是漫步雨中的浪漫，有人却想到的是潮湿天气带来的不便。同样是漫天繁星，一个心态积极的人可在茫茫的夜空中读出星光的灿烂，增强自己对生活的自信；一个心态不正常的人则让黑暗埋葬了自己，而且越葬越深。罗根 · 史密斯说过这样一段话，言简意赅，他说："人生应该有两个目标，第一是，得到自己所想的东西；第二是，充分享受它。只有智者才能做到第二步。"

可能很多人会产生疑问，如何才能具备积极的心态呢？其实，这完全在于我们自身的选择，拿破仑·希尔曾讲过这样一个故事，对我们每个人都极有启发。

所有的年轻人们，无论命运把你抛向任何险恶的境地，你都要毫无畏惧，用你的笑容去对付它！而如果你能选择不把挫折拿来当成放弃努力的借口，那么，或许你们可以用一个新的角度，来看待一些一直让你们裹足不前的经历。你可以退一步，想开一点，然后你就有机会说："那也没什么大不了的！"

事实上，人的潜意识是能选择快乐的，一个人快乐与否，完全决定于个人对人、事、物的看法如何；因为，生活是由思想造成的。如果我们想的都是欢乐的事情，我们就能欢乐；如果我们想的都是悲伤的事情，我们就会悲伤。的确，人生在世，快乐地活着是一生，忧郁地过也是一生，是选择快乐还是忧郁？这完全取决于做人的心态，正确的做法就是不断地培养自己乐观的心态，远离悲观，它既是一种生活艺术，又是一种养生之道。

同样，生活中的人们，无论过去你曾经遇到过什么磨难，你都要学会自我调节，这样，在未来荆棘密布的人生道路上，无论命运把你抛向任何险恶的境地，你都能做到积极、快乐地生活！为此，可以这样调整自己的心理状态：

1.相信自己能做到

日本作家中岛薰曾说："认为自己做不到，只是一种错觉。"悲伤是一种消极的情绪，它会让你产生挫败感，你会认为自己什么都做不到，而实际上，很多时候，正当你绝望时，希望就在前方等着你。因此，只要你放下悲伤，以积极的心态去面对生活的挑战时，你的生命才会有无限的可能。

2.相信自己能得到幸福

相信自己能够成功，往往自己就能成功，这是人的心理在起作用。同样，一个人要想获得幸福也是如此。一个人总想着幸福，就会幸福；总想着不幸，就会不幸。人们常说的心想事成，就是这个道理。

总之，我们每个人，在生活中都有可能遇到一些不顺心之事，也有可能遇到重大挫折，而积极是生活的一味良药，伤心的时候乐观一点，孤独的时候去寻找快乐，热情而积极地拥抱生活，幸福就会像天使一般无声地降临到你的身边。

勤奋工作，更要学会展现自我

许多人可以说是勤奋工作的典范，在职场中，他们总会恪守“脚踏实地”的原则，做任何事情都是循序渐进。他们明白，如果要想获得成功，就必须从一件件小事做起，他们只专注于现在所拥有的工作。内向者更愿意通过慢慢添加一砖一瓦，踏踏实实地坚守自己的位置，最后打造出属于自己的一片天地。不过，正因为他们专注于勤奋地工作，而丧失了许多展示自己的机会。其实，在现实职场中，不仅要勤奋工作，更需要懂得展现自己，比如汇报工作。

1. 认真勤奋地工作

在日常工作中，除了各司其职之外，内向者更需要认真做事，体现自己作为一个工作人的职责与精神。当一个教师按照教学大纲的要求备好课、上好课，这是一种职责，但如果教师在传道授业解惑的同时还可以顾及到学生的体验，争取用最佳的办法，最好的形式以及最合理的时间把知识传授给学生，那就不是简单地完成任务，而是认真做事了。

2.大胆表现自己

如果你足够的优秀，就要勇敢地表现出来，并不是说对方了解你的优秀，就会重视你。想要得到他的重视，就要敢于表现出来，哪怕是向他表功。表功并不是骄傲的体现，恰恰是你能力的表现，如果你是真的有功之臣，得到理应得到的重视，也是无可厚非的。

对于我们而言，在职场不仅要努力工作，脚踏实地，而且还需要展示自己优秀的一面。现代社会，“酒香还怕巷子深”，如果你只是埋头工作，不被人记住，那是可悲的。或许，你自以为已经很努力了，但事实上这对于你本人的晋升是很有阻碍的。

用时间换天分，努力比任何东西都来得真实

许多内向者觉得自己很平凡，能力很普通，先天条件的欠缺导致他们对自己丧失了信心，在他们看来，不管自己如何努力，最终都只会成为一个平庸的人。既然抱着这样的想

法，他们就已经不想去努力，浑浑噩噩地生活着，甚至有的人选择了自甘堕落的生活。然而，内向者浑然忘记了成功的路从来不是一帆风顺，许多人也曾迷茫过，也曾不知道未来究竟在哪里。但是，那些成功者却以自己成功的经历告诉我们：相信梦想，梦想自然会回馈于你，努力比任何东西都来得真实，用坚韧换机遇，用时间换天分，哪怕走得很慢，但终会抵达目的地。

我们都听过龟兔赛跑的故事，兔子机灵，跑得快，它以为自己胜券在握，所以它安心地睡起了大觉。谁知道看起来慢吞吞的乌龟，却以自己百倍的努力以及坚持不懈的精神最先达到了终点。谁能笑到最后，还真是不一定。

成功恰巧就是运气撞到了努力而已，努力永远不会有错，即便现在无法感受到努力的回报，但未来的一天你总会有用。选择自己喜欢的事情，然后努力到坚持不下去为止，相信梦想，更要相信努力，因为遗憾比失败更可怕。当内向者在追逐梦想的时候，这个世界总会制造许多挫折与困难来阻挡你，残酷的现实会捆住你的手脚，但其实这些都不重要，重要的是你是否有努力到底的决心。

平庸并不可怕，可怕的是永远平庸。既然上帝没有给予天赋，那我们就用后天的努力来弥补。越努力越幸运，如果你觉得自己平凡，那就用努力换天分。当然，在这个过程中，我们要始终相信努力奋斗的意义，让未来的你，感谢现在拼命努力的自己。坚持不懈可以让你在失去动力的时候帮助你继续你的行动，这样可以使结果渐渐好转。坚持不懈最终会产生它的动机：仅需你保持你的努力，你最终就会得到回报，这个回报可以为你带来强大的动力。

找准自己的位置，跳脱出模仿别人的藩篱

歌德曾说过这样一句话："一个人要想成功，首先要视自己比实际的自己更伟大才行。"人生漫漫征途，在前进的旅程中，年轻人要找准自己的位置，在生活这片蓝天里，给自己准确定位，因为只有定位了自己，才能定位未来。人活于世，每个人都有自己的价值，都是独一无二的自己，年轻人切不可因为在某方面逊色于别人而失去自我。当然，每个人都希望自己能够翱翔于蓝天，驰骋于大地，但是，在梦想开始放飞之前，年轻人需要清楚地认识自己，你是否具有翱

翔的能力？你是否能够驰骋于大地？如果在没有了解自己的情况下就擅自定位，一旦梦想跌落，内心的失望是无法忽视的。另外，无法给自己准确定位，只会导致好高骛远或者内心自卑。每一个人都是特殊的个体，上帝赋予了我们独特的个性，只要年轻人走出盲目模仿别人的樊篱，找准自己的位置，人生将会变得丰富多彩。

人和一颗麦粒唯一的不同在于：麦粒无法选择是变得腐烂还是做成面包，或是种植生长。而我们有选择的自由，有行动的自由，更有心的自由。我们不该让生命腐烂，也不会让它在失败、绝望的岩石下磨碎，任人摆布。悠悠生命历程里，年轻人要给自己准确定位，展现出自己的人生价值。

活着，就要学会善待自己，在失意时鼓励自己，在得意时勉励自己。在漫漫人生旅途中，年轻人无法避免偶尔的挫折与困难，但是，不管将来受到什么样的打击，即使正在经历着痛苦、难堪，年轻人都不应该忽视了自己的价值，不要觉得自己一无是处，也不要妄自菲薄。要以一份崇高的使命感，展现出自己的人生价值。

每个人都想成为高大的树木，渴望矗立在高处俯瞰这个世界，但是，生活的现实与残酷却让我们成为了一颗颗小草。与其他人相比，自己的生活显得那么不堪，于是，许多人觉得自己没有价值，或许将在庸庸碌碌中度过一生。其实，小草也有它的价值，当所有高大的树木都已经枯亡时，那一片绿意盎然的小草却释放着最后的美丽。它们并不想成为高大的树木，它们深知自己的价值是什么，只想做它们自己，怀着这样一份希望，它们自然生机勃勃、春意盎然。如同小草一样，我们每一个人都有自己的价值，没有任何人或事能够取代我们，也没有任何人或事能够贬低我们，除非年轻人自己看轻了自己、自己贬低了自己。

每个人都有属于自己的独特价值，年轻人应该接纳自己。而且，自身价值的大小并不在于他人的评价，而是在于我们给自己的定价。一个人的价值是绝对的，坚持自己，重视自己的价值，给自己成长的空间，每个人都会成为“无价之宝”，如此你才能告别平庸的人生。

没有退路，就只能不遗余力

成功是建立在全力以赴，尽职尽责做好日常工作的基础之上的。千万不要小看一些事情，因为它往往是决定成败的关键。做每一件事情，年轻人都需要全力以赴、尽职尽责，当他在完成一项事情的时候，不管结果怎么样，总是先问自己：在做这件事情的时候，自己是否考虑全面了，自己是否竭尽全力了？这才是成功者通常的习惯，也正因为喜欢这个习惯，使得他们在每一次努力中总是能收获很多，因为每一个细节他都考虑到了，他们从来不做半途而废的事情。

每个人都有极大的潜能，通常情况下，一般人的潜能只开发了2%～8%左右，即便是像爱因斯坦那样伟大的科学家，也只是开发了12%左右。有人为此得出了这样一个结论：一个人假如开发了50%的潜能，就可能背诵400本教科书，可以学完十几所大学的课程，还可以掌握二十来种不同国家的语言。如果我们还在努力辩解说“我已经努力了”，那只能说你这样的辩解是苍白的，因为仅仅只是努力还不够，必须全力以赴才行。

眼前的苦与累又算得了什么呢？再苦再累，那只是暂时的，只要熬过了这段时间，那未来的日子是值得期待的，因为苦尽甘来，我们最终能尝到的是成功的滋味。上帝总是在让你尝到快乐与幸福之前，习惯性地给我们一些考验，即便在我们看来这个考验的过程是又苦又累的，但只要我们全力以赴，努力支撑，即便遇到再大的困难与挫折，也选择不放弃，那我们就一定能品尝到成功的快乐。

当我们毫无保留，竭尽全力地去做一件事情的时候，结果往往是成功的。在生活中，这样的例子是很多的，有些事情从表面上看是极其困难的，但只要我们全力以赴，不保留，不妥协，不总是想着自己还有退路，那我们最终是可以成功的。在很多时候，我们之所以失败了，不是因为路途太艰难，而是我们丧失了继续前进的勇气，也就是说，我们没付出全力。

只有不留退路，才更容易找到出路。反之，如果你总是想着退路，就很难获得成功。一个人若是太纵容自己的懒惰和欲望，就很容易迷失方向。或许，有人会说，不留退路是不明智的选择，有了退路，才能在危险的浪潮中获得更多生存的机会，然而，人们很容易忽视，对于大多数人而言，退路往往是诱惑人、蒙蔽人的因子，只要想到了退路，就会觉得还会有下次机会，而在这个时候，成功往往与我们失之交臂。

责任感是一个人做事的脊梁

责任心是衡量一个人成熟与否的重要标准。责任心会使一个人变得坚强。面对诱惑，他能恪守原则；面对挑战，他会奋力拼搏。他知道这是他的责任，他不能逃脱，必须积极地去对待而非消极的躲避。

责任心往往驱使我们做一件事，而且会把他做好。我们每个人都要明白，只有我们认为那件事很重要，是你的责任，你就会调动全身的力量去干好这件事，千方百计地争取收获最好的结果。

在哈佛的名人中，亨利·基辛格的名字众人皆知。他是哈佛大学政府系的优秀学生，他1923年出生在德国菲尔特一个犹太人的家庭，1938年移居美国。1947年因获得“国家学者奖学金”而进入哈佛大学，以敏捷和思辨的头脑、优秀的学业深得教授的喜爱。

基辛格离任后很想回到哈佛大学继续他的学术生涯，这似乎是一个我们看来没有悬念，而对哈佛也是求之不得的美事，但现实却出乎意料，时任哈佛校长的博克教授却婉言谢绝了这位大人物的要求。他说：“基辛格是个学识渊博的人，论私交，我和他也不坏。”但是，“我要的是教授，不是大人物”“我不能花钱去请一个挂名的人”。他深知大人物很难把心拉回到教学上来，博克的选择让我们深刻领会到哈佛人对责任的重视。

我们在社会中扮演了许多角色，在老师面前我们是学生，在同学面前我们是朋友，在上级面前我们是下属。在我们所扮演的角色中，我们必须承担起相应的责任。正是这份责任，让你坚持自己的原则，堂堂正正地做事。

“人”只有在肩膀上担“担子”，才能够长“大”。责任感是一个人做事的脊梁，当把责任二字铭记于心时，你会变得更加坚强。毛姆曾说：“要使一个人显示他的本质，叫他承担一种责任是最有效的办法。”可见，责任是一个人内在的高尚品质。

范仲淹所谓的“居庙堂之高则忧其民，处江湖之远则忧其君”，是在告诫人们，一个人身居高位、大权在握的时候，有责任念念不忘怎么样让老百姓的生活更好，怎么样让老百姓的福利更多；如果一个人不受重用、遭受排挤的时候，也要洁身自好，保持自己的操守，修养个人品德，心里也要时刻装着老百姓。古往今来，先贤志士都很注重对责任心的培养。

先哲孟子所谓的“穷则独善其身，达则兼济天下”，意思是说：如果人身处逆境不得志，就要锐意进取，更多地注重自身品德、能力的提高；若一个人在春风得意之时，还能心怀天下，关心他人疾苦，造福百姓，那么他就是一个真正成功的人士。在这里，孟子把一个人穷时和达时应该有的责任，应该尽的义务讲解得很清楚。

第06章 坚守时间的打磨，你的努力必定有所收获

在中国，有句古语："水滴石穿"，小小的水珠虽然软弱，但经年累月，也会将石头打磨出坑洼，其实，我们做事的过程何尝不是如此呢？"锲而舍之，朽木不折；锲而不舍，金石可镂。"一个人只要有恒心，迈着坚定的步伐，义无反顾地向前走，最终会沐浴到胜利的光辉。因此，生活中的人们，无论做什么，只要你坚守时间的打磨，你的努力必定有所收获。

无论如何也不要为自己找放纵的理由

任何社会中的人，都存在强弱之分，但更普遍的是强者更强，弱者更弱，弱肉强食。为什么会这样呢？因为弱者很多时候并不是努力充实自己，让自己变强，而是花费太多的时间抱怨，抱怨命运的不公。他们可能不明白，绝对的不公平是不存在的，能力强才是硬道理。因此，既然我们没有办法选择社会环境，为什么我们不选择改变自己呢？因此，我们与其去抱怨，不如努力提高自己，为自己在未来的竞争中处于优势而提前练好功力，这才是正道。功力都不想练，却想能够成为赢家，天下有这么好的美事吗？

所以，我们需要记住的是，在如今竞争激烈的现代社会，面对压力，我们无论如何也不要为自己找懈怠的理由，而应该勤奋努力，朝更高的目标奋进。

生活中的人们，可能现在的你每天为生活奔波，生活、工作压得你喘不过气来，你开始抱怨生活、抱怨上司，抱怨家人。而其实，有压力，才有动力，压力带给我们的不仅仅是痛苦和沉重，还能激发我们的潜能和内在激情，让我们的潜能得以开发。如果说，人一生的发展是不易反应的药物，那么压力就是一剂高效的催化剂。它不是鼓励你成功，而是逼迫你成功，让你没有选择不成功的余地。它带给人的，不仅仅是痛苦，更多的则是一种对生命潜能的激发，从而催人更加奋进，最终创造出生命的奇迹。

一个刚毅的人就好像为自己寻找到一个心灵的保护伞，有了这个保护伞，他就是无惧的。无论是奋斗还是人生的路上，都并非一帆风顺，有失才有得，有大失才能有大得，没有承受失败考验的心理准备，闯不了多久就要走回头路了。

纵观中华历史，广览世界历史，你会得出这样一个结论——成功者无一不是战胜失败后而获得成功的。事实上，人的意志力的力量是强大的，可能我们对于自己能够变成多么坚强都毫无概念！大多数的人能够承受超过我们所认为的压力。每一个人的内在都有无限的潜能，但除非你知道它在哪里，并坚持开发，否则毫无价值。世界著名的大提琴演奏家帕柏罗卡沙成名之后，仍然每天练习6小时。有人问他为什么还要这么努力。他的回答是“我认为我正在进步之中。”

当然，凡事都有度，我们也要将压力控制在一定的范围内，因为人生就好像一根弦，太松了，弹不出优美的乐曲；太紧了，又容易断裂。唯有松紧合适，才能奏出舒缓且优雅的乐章。适当的压力，不仅是我们成长的必备养分，也是成就我们亮丽人生的重要元素！

拼搏之后，我们才能缔造出自己命运的辉煌

在生活中，所谓的强者是什么？真正的强者不是凭借着各种资源努力向上爬的人，而是缔造自己命运辉煌的人，他们虽然遭遇了生活的不公平待遇，但依然可以冲破重重阻碍，最终采摘成功的果实。从我们来到这个世界上，上天就给予了我们不同的礼物，有的人太幸运，他得到的是一个完美无缺的洋娃娃，而有的人运气就不怎么好了，他所得到的是一个修补过的洋娃娃。对于前者而言，他前面走的路会相对平坦一些，而对于后者，他的每一步都需要付出很多才能

达到自己的目标。对此，不管我们是属于前者，还是后者，只要我们相信自己，那即便自己所拥有的只不过是一个修补过的洋娃娃，也一样能缔造出命运的辉煌。

戴高乐将军曾说："眼睛所看到的地方，就是你会到达的地方，唯有伟大的人才能成就伟大的事，他们之所以伟大，就是因为他们决心要做出伟大的事。"或许，在命运的一开始，上天发给我们的并不是一手好牌。

但是，如果我们能保持良好的心态，相信自己即便是一手烂牌，也可以玩得漂亮，这在牌桌上叫牌品，在生活中叫作信念。与其花时间去计较上天给予的不公平待遇，不如花心思玩好自己手中的一副烂牌。

我们的命运都掌握在自己手中，如果我们想让命运绽放出如烟花般灿烂的辉煌，那完全在于我们自己的努力，而不在于上天的恩赐。假如我们较真，那就较真自己是否努力过，是否拼搏过，只有真正地努力、拼搏之后，我们才能缔造出自己命运的辉煌。

能忍受寂寞，就是在守候成功

努力，往往是做好一些细小的事情为成功打下基础。那些细小琐碎的事情充满了单调、乏味和寂寞。当然，事情并无大事、小事之分，不管我们如何努力，总要把事情做完。年轻人在平凡的生活中，凡事力求高效、完美，体现服务和奉献精神，才能在众人中脱颖而出。许多年轻人，应该保持正确的心态，培养承受寂寞的能力。

努力的路充满了艰苦，这条路永远都不会一帆风顺。不管是坎坷、无奈，还是寂寞和孤独，都常常伴随在努力者身边。在努力的过程中，当寂寞成为一种内心感受，成为生活的常态，成功看似很遥远，实际上它已经慢慢到来。在努力的路途中，能忍受寂寞，就是在守候成功。

刘若英在成名之前，她也只是一个普通的女孩，一个有梦想的女孩。她的梦想就是站在舞台上，但是，她样子很普通，不过这并不能成为阻碍她追求梦想的理由。尽管信心满满，但她依然遭受了打击，在一名著名音乐人的制作室里，她听到的却是这样的话：“你的嗓音和你的相貌一样不漂亮，我看你难以在歌坛里有所发展。”听了这样的话，她感到很伤心，但并不绝望。

她默默地留了下来，即便梦想很遥远，成功很遥远，但她希望能为自己的梦想努力，默默地努力。在公司，她什么杂活都干，端茶、倒水，制作演出时间表，帮其他歌手拿演出服装……身边的人感到不理解，她却笑着说："我默默地守着，因为这是离我梦想最近的地方。"

终于有一天，刘若英可以微笑地站在自己的舞台上，用并不惊艳但非常温暖的嗓音感动着全世界的人。然而，在成为歌手之前，她依然忍受着巨大的寂寞和无助，不过她从来没有放弃过努力和坚持。

努力从来都是伴随着痛苦和寂寞，寂寞就是努力路途上所必须承受的。年轻人，谁又没有遭受过寂寞，谁又没想过摆脱寂寞呢？一旦决定了努力，就需要做好承受寂寞的准备。至少在成功之前，就必须努力，一个人匍匐前行，没有鲜花，没有掌声，没有赞美，甚至还得到了一些嘲笑和打击，几乎没有人来关注你这个默默无闻的人。在成功到来之前，为梦想努力的人不仅过着寂寞的生活，而且还要继续努力。有的人难耐寂寞，在路途中就选择了放弃；有的人却将寂寞当成了储蓄，一天天的寂寞汇聚成更丰富的财富，永存在自己的人生中。

著名导演李安在成名之前，大约有六年的时间待在家里做家务。在这六年时间里，他每天除了做家务就是看书、看影片、看剧本。他努力着，忍受着寂寞的侵蚀，在寂寞中学习、积累、成长，终于成为令世界瞩目的大导演，成为华人的骄傲。如果他忍受不了寂寞，放弃自己的追求，那他就不会有今天的辉煌成就。

寂寞是年轻人一生中不可缺少的组成部分，伴随着成长，寂寞一步步进入人们的心里，一天天增强扩散。人只有在努力中煎熬，才会慢慢成熟，眼前也才会出现一道道别样的风景。“古来圣贤皆寂寞，唯有饮者留其名”，唐朝著名诗人李白就是一个懂得享受寂寞的人，他自诩孤独的行者，自饮自乐，自歌自舞，承受寂寞，才成就了他“诗仙”的美誉。

在努力过程中，学会寂寞就是在拒绝诱惑。当对梦想的渴望更强烈，对成功的目标更坚定，承受住寂寞，那就是走向成功。过早地妥协，只会让自己离成功越来越远。年轻人，要么为了不寂寞而甘于平庸，要么为了成功而甘于寂寞，人生就是这样，总是带着缺憾的美。没有谁的人生是完美的，为了成功先学会承受寂寞吧！

时间的打磨，会让你拥有强大的力量

古人云："锲而舍之，朽木不折；锲而不舍，金石可镂。"一个人只要有恒心，迈着坚定的步伐，义无反顾地向前走，最终会沐浴到胜利的光辉。如果你去过乡下，有幸可以看到有屋檐的老房子，那你就明白其中的很多道理。在乡下，屋檐之下是石头砌成的平台，而屋檐上是瓦片铺盖而成的屋顶。每当下雨的时候，天上的雨水降落下来，滴在屋檐上，那水珠就顺着瓦檐流下来，好像珠子串成的帘子一样，而顺着水珠滴落的地方，经过这样长年累月地打磨，那坚硬的石头竟然出现一些小坑洼。那是多么神奇的力量，柔弱得水珠，竟然可以将石头滴穿？其实，不要为此感到惊讶，因为这就是"滴水穿石"的真实现象。

生活中，做任何事情都需要一个过程，一点点累积，就足以凝聚成一股巨大的力量。如果你放松了平日的努力，只靠临时抱佛脚，那将注定失败。有时候，在平日中不断努力却没有得到回报的人们，心里总是抱怨：为什么上天不公平呢？其实，上帝给予我们的都是公平的，如果你还没有得到回报，那只是因为还没到时机，因为时间就是最好的见证者，它见证了你一点点的努力，最后，它也将见证你最终的成功。

大自然的这些神奇力量一样可以引申到我们生活中，在生活中，那些可以忽略不计的力量，如果将这一点点凝聚起来，该是多么大的力量啊！不论是做人还是做事，我们都需要坚信水滴石穿的真理，坚守时间的打磨，终有一天，我们能够顺利地采摘成功的果实。

选择吃苦，在吃苦中不断磨炼自己

一个人如果不通过不断的磨砺来提升自己、完善自己，就会让自己的私欲、情欲膨胀，自己的意志也会变得软弱。一个人若是想要成就一番事业，那就必须要不断地磨砺自己，除此之外，别无他法。俗话说："吃得苦中苦，方为人上人。"对成功人士来说，任何苦难都不足以让他心灰意冷，相反更加能鼓舞士气，激发起一定要做成大事的欲望。能吃苦的人，能够得到他所要的东西。吃苦即是成功之路，只有能吃苦才能转败为胜。对所有的人来说，希望和耐心是两剂有特效的自救药，也是人在患难中最可靠的依托和最柔软的依靠。确信无法突破的时候，首先要选择的是吃苦。

曾国藩刚开始办团练的时候，其中除了大量的湘军勇士，还有不少的绿营军，这使得曾国藩面临着更多的问题。而且，在操练中，曾国藩始终坚守着要“吃得苦中苦”的原则，对将士们要求十分严格，风雨烈日，操练不休，这对于来自田间的乡勇来说，并不觉得太苦。但是，对于那些平日里只会喝酒、赌钱、抽鸦片的绿营兵来说，却像是“酷刑”，对此，绿营上上下下怨声载道。副将不到场操练，根本不把曾国藩放在眼里，甚至，对底下的士兵宣称：“大热天还要出来操练，这不是存心跟我们过不去吗？”曾国藩一方面忧心军队的操练，一方面还要应付绿营军的捣乱，日子过得十分辛苦。

当时，在长沙城内驻扎着绿营兵和湘勇，绿营军战斗力极差，受到了乡勇的轻视，对此，绿营兵十分愤怒，经常与乡勇发生摩擦。双方水火不容，开始由一些小争执变为战斗。而且，绿营军是朝廷的正规军队，深得清朝庇护，曾国藩所操练的湘军不过是乡间勇士，无人庇护，于是，曾国藩只能严格要求自己的军队，不得与绿营军发生冲突。即使曾国藩一再忍受绿营军的欺辱之苦，但仍改变不了现状，绿营军更加横行霸道，湘军进出城门都会受到公然侮辱。朋友看见曾国藩如此辛苦，劝他参奏绿营军，不料，他却推托：“做臣子的，不能为国家平乱，反以琐碎小事，使君父烦心，实在惭愧得很。”过了一阵子，曾国藩就将湘勇遣往外县，将自己的司令部也移到了衡州。

其实，曾国藩在组建湘军之际，确实是吃了不少苦头，本身组建军队就面临着一系列挑战，而同时还将遭受绿营军的挑衅，那确实是一段异常辛苦的日子。当时，咸丰帝下令曾国藩办团练，由于朝廷战事甚紧，也没发给军队军饷，曾国藩作为军队的创办者必须解决军队的军饷问题，然而，这一切困难的问题，曾国藩都以坚韧的意志忍了过来，他明白“只有吃得苦中苦，方才能为人上人”。历史向我们证明了这一真理，在后来的历史中，湘军成为了曾国藩的骄傲，也使他成为了镇压太平天国运动的最大功臣。

经历过的苦难其实就是一笔财富，终将会等来成功的一天。的确，对于生活在现代社会的年轻人，苦难何尝不是一笔财富呢？在日常工作中，或许，我们每天都会遇到这样或那样的苦难，在短时期内，我们可能难以接受，也感觉自己跨越不了，但是，只要我们坚定意志，不畏困难，终会成为大器。无论是工作，还是为自己那份理想而努力，只要我们将苦难当成朋友，就一定能熬过去，最后成为“人上人”。

在工作中，在追求事业的过程中，苦难是不可避免的，有可能是降职，有可能是被炒鱿鱼，有可能是工作不顺利……面对这些苦难，每个人都有自己的选择，有的人选择抱怨，有的人选择自暴自弃，有的人选择隐忍、奋进。对于年轻人，尤其需要做好吃苦的准备，只有吃得苦中苦，方能为人上人。

其实，在很多时候，我们都忽视了苦难本身的意义。从古至今，那些大凡取得成就的人，他们无一不承认苦难是自己成功的基石。苦难让我们变得坚强，与此同时，也让我们变得聪慧。所以，学习曾国藩的官场哲学，忍受工作中的苦，不断地磨炼自己，终有一天，你也会成为人上人。

第07章

我们努力，是为了有底气拒绝自己讨厌的一切

你喜欢现在的生活吗？你享受现在的工作吗？也许你会回答“不”，那么，既然如此，为什么不改变呢？此时，你也许又会说：“拿什么改变？”而这就是缺乏底气的表现，因为曾经的不努力，让现在的你失去了选择和改变的机会。然而，即便如此，你依然可以从现在努力，因为只要努力，就没什么来不及，也唯有如此，你才会发现，不断进取，才能不断突破，不断实现自己的价值。

学无止境，把学习当成一项终生的事业

关于努力学习、勤奋读书的重要性，历来人们已经用很多文字诠释过了，苏格兰散文家卡莱尔曾经说过这样一句话："天才就是无止境刻苦勤奋的能力。"没有艰辛，便无所获。我们每个人都要明白，真正的知识是没有尽头的，正如有句话说："吾生也有涯，而知也无涯"。如若你想不断适应变化速度逐渐加快的现代社会，就必须无止境学习，把学习当成一项终生的事业，并把这项事业贯彻到每天的生活中，如衣食住行一般。

同样，在追求梦想的过程中，我们也只有稳扎稳打学好各种知识，才能从容地面对各种挑战。否则，只顾吃喝玩乐，不干正事，不务正业，那么，只能"书到用时方恨少""少壮不努力，老大徒伤悲"了。

另外，在学习的过程中，你还要有善于总结的习惯，无论学习的效果怎样，只有做到及时总结，才会及时反省，尤

其是对于错误和失败。要知道，成功出自错误中学习，因为只要能从失败中学得经验，便永不会重蹈覆辙。失败不会令你一蹶不振，这就像摔断腿一样，它总是会愈合的。大剧作家兼哲学家萧伯纳曾经写道："成功是经过许多次的大错之后得到的。"总之，对于学习，你只有与时俱进，以高标准的要求和精益求精的态度要求自我，聚精会神抠细节，才能实现突破。

当然，学习知识并不是要求你要死读书，一味地沉溺于书本知识只会使你的大脑变得僵化。固定的思维方式容易把人的思维引入歧途，也会给生活与事业带来消极影响。要改变这种思维定式，需要随着形势的发展不断调整、改变自己的行动。任何一个有创造成就的男人，都是战胜常规思维的高手。

世上没有绝对的成功，只有不断的努力，才能让你的成功之路走得更快更远。生活中的人们，从现在起努力吧。一个人的工作也许有完成的一天，但一个人的教育却没有终止的时候。

总之，终身学习能帮助我们不断拓展自己的学习领域，开拓自己的知识视野。孔子说："好学近乎知（智）。"学习是一种习惯，终身学习则是一种理念，兴趣是成功的一半。一个人一旦树立起终身学习的理念，就会认同“万事皆有可学”这个道理。伟大的成功和辛勤的劳动总是成正比的，有一分劳动就有一分收获，日积月累，奇迹就可以创造出来。这是绝对的真理。只有勤奋才是最高尚的，才能给人带来真正的幸福和乐趣。我们要坚定“奋斗不息，学习不止”的信念，日复一日，沿着知识的阶梯步步登高，养成丰富自己、重视学习的习惯。

战胜自己，才是真正的强者

“人生十四最”中有这样一句话：人生最大的敌人是自己。的确，人要想超越他人，要想成功，就必须先超越自己，战胜自己的意识和外界一切压力。而当人们面对挫折和困难时，却往往容易被这些意识、压力打败，从而功亏一篑，败给自己。的确，金无足赤，人无完人，人最大的敌人是自己。只有能够战胜自我的人，才是真正的强者。

“要战胜别人，首先须战胜自己。”这是智者的座右铭。人生路上，我们会遇到一些挫折，但我们的敌人不是挫折，不是失败，而是我们自己，是内心的恐惧，如果你认为你会失败，那你就已经失败了。说自己不行的人，爱给自己说丧气话，遇到困难和挫折，他们总是为自己寻找退却的借口，殊不知，这些话正是自己打败自己的最强有力的武器。一个人，只有把潜藏在身上的自信挖掘出来，时刻保持着强烈的自信心，困难才会被我们打败。成功者之所以成功，是因为他与别人共处逆境时，别人失去了信心，他却下决心实现自己的目标。

曾经有这样一个故事：

在每个男孩的心中，可能都有一个梦想，那就是能去NBA，但对于很多男孩来说，这只不过是个梦，因此，当年幼的博格斯说出“我长大后要去打NBA。”说这句话时，他的同伴们无不认为他是在白日做梦。并且，和同龄人相比，博格斯在体型上太瘦小了。一个十几岁的男孩，只有160厘米，这样的身高即使在东方人里也算矮子，更不用说是在两米都嫌矮的NBA了。

然而，即使面对同伴们的嘲笑，他也没有放弃自己的梦想，他继续努力，他下决心要打NBA。因此，他把大部分时间都花在练球上，即使他人已经去玩耍、去享受夏日的凉爽时，他依然在篮球场上挥汗如雨。

其实，博格斯很有自知之明，他明白，以自己的身高，要想进入NBA，必须要有过人之处。因此，在打篮球时，他充分发挥了自己的优势，因为矮个子在打球时更机动灵活，他像一颗子弹一样飞速穿梭在球场上；运球的重心最低，不会失误；个子小不引人注意，抄球常常得手。

终于，他成功了。在NBA中，博格斯是夏洛特黄蜂队中表现最杰出、失误最少的后卫之一。他身体灵活，技术一流，并且远投也很精准，即使在“高”人如云的比赛中，他也能无所畏惧，满场飞奔。

我们都知道，博格斯不仅是现在NBA里最矮的球员，也是NBA有史以来创记录的矮子。但正是他的毅力，把他人眼中的不可能变成了现实。这就是勇气，使之能一次次接受失败，然后从失败中寻找出自己的优势，重新站起来，迎接新的挑战。

美国著名将领艾森豪威尔将军是这样诠释的：“软弱就会一事无成，我们必须拥有强大的实力。”不正面迎向恐惧，面对挑战，你就得一生一世躲着它。

人们恐惧的表现之一通常是逃避，而试图逃避只会使得这种恐惧加倍。任何人只要去做他所恐惧的事，并持续地做下去，他便能克服恐惧。既然困难不能凭空消失，那就勇敢去克服吧！

你需要记住的是，因为在困难面前，逃避是无济于事的，只有正面迎击，困难才会解决。而这时候，你会发现，有时候，那些所谓的困难与麻烦只不过是恐惧心理在作怪，每个人的勇气都不是天生的，没有谁是一生下来就充满自信的，只有勇于尝试，才能锻炼出勇气。

生活中的人们，当你遇到困难时，你也可以克服恐惧。“现实中的恐怖，远比不上想象中的恐怖那么可怕。”当你遇到困难时，理所当然，你会考虑到事情的难度所在，如此，你便会产生恐惧，会将原本的困难放大。但实际上，假如你能减少思考困难的时间，并着手解决手上的困难，你会发现，事情远比你想象中简单得多。那些成功的人士，都是靠勇敢面对多数人所畏惧的事物，才能出人头地的。美国著名拳击教练达马托曾经说过：“英雄和懦夫同样会感到畏惧，只是他们对畏惧的反应不同而已。”

做曾经不敢做的事，本身就是克服恐惧的过程。如果你退缩、不敢尝试，那么，下次你还是不敢，你永远都做不成。只要你下定决心、勇于尝试，那么，这就证明你已经进步了。在不远的将来，即使你会遇到很多困难，但你的勇气一定会帮你获得成功。

勇敢地尝试新事物，可以发现新的机会，使你迈进从未进入的领域。生命原本是充满机会的，千万别因放弃尝试而错过机会。我们并不是推崇无厘头的冒险，但安全绝不会实现突破，要想获得不一样的人生，就要疯狂一点。

总之，物竞天择，适者生存，当今社会更是一个处处充满竞争的社会，一个有作为的人必定是真敢想敢做的人，而你首先要做的就是消除内心的恐惧，毫无畏惧，自然战无不胜！

努力创造，不断超越自我

尼采的名言语录里有一句话说：“生命企图树起自己的云梯——它渴求眺望到遥远的地方，渴望着最醉心的美丽——因为它要求向上！”这是一个积极向上，不断超越自己的人的真实写照。人活在世界上，不能只贪图安逸的享受，否则将永远不能享受到人生的真正乐趣。只有努力创造，不断超越的人，才能在激烈的竞争中占有一席之地，使自己的人生发出璀璨的光芒。

一位跆拳道高手经过了层层考试，终于取得了晋级“黑带”的资格，按照以往的惯例，将有一位德高望重的大师授予他黑带，以示他的能力获得了肯定。

当高手跪在大师面前，准备接受这份来之不易的肯定时，大师突然说道，“在颁给你黑带之前，你还要通过最后一个考验。”

高手回答道：“我已做好准备！”他心想，无论是什么样的高手，这最后一次考验我都不会输的。

大师慢慢的说，“你只需回答一个最基本的问题——黑带代表了什么？”

“是我辛苦练功应该得到的肯定，”高手毫不犹豫地回答，“这是我学武历程的结束。”

大师显然不满意他的回答，说道：“你还没有到得到黑带的时候，一年后再来吧。”

一年后，高手再度跪在大师面前。

“黑带代表了什么？”大师又问。

高手斟酌了下语言，胸有成竹的说道，“是本门武学中杰出和最高成就的象征。”

大师依然不满意，他说道：“你还没有到拿到黑带的时候，一年后再来。”

一年后，高手又跪在大师面前。

“黑带代表了什么？”大师还是问了这个问题。

这一次，高手虔诚的回答，“黑带代表开始，代表无休止的纪律、奋斗和追求更高标准的历程的起点。”

大师很满意，欣慰地答道“好，你已经准备就绪，可以接受黑带和开始奋斗了。”

很多人都认为，自己人生的敌人来自于一切外来因素，其实，我们真正的敌人只有我们自己。因为疑虑不安，我们没有抓住一闪而过的机遇；因为没有更高的目标和要求，我们就安于现状，故步自封；因为缺乏信心，我们就没有去超越自己。但如果你把超越所有人当作自己的最终追求，这显然是不切实际的，我们要做的，是超越自己，让今天比昨天做的更好，让明天比今天更强。

生命不是要超越别人，而是要超越自己，只有当我们不断地去寻找机会，才能及时把握机会，越努力超越自己的人才能越幸运。即使生活给予我们很多磨难，我们曾经跌倒，但也能在嘲笑声中再次站起来，虽然弄得一身狼狈，但那只是暂时的。衣服可以清洗，脸可以擦干，只要下定决心克服恐惧，便能应对生活中的所有挫折。只要坚定的正视自己，持续的努力，不懈的拼搏，就没有不能改变的命运，要知道，唯有行动才能改造命运。

智者给我们的忠告：不要轻易用过去来衡量生活的幸与不幸！每个人的生命都是可以绽放美丽的，只要你正视自己，有了坚定的意志，就等于给双脚添了一对翅膀。给自己定目标，一年、两年、五年，也许你出身不如别人好，通过努力，往往可以改变70%的命运。破罐子破摔只能和懦弱做朋友，坚强的信念才能赢得强者的心。

当我们一步步去超越自己制定的目标时，你才会感受到那种无法言说的激情，毕竟，没有什么事情是比超越目标更有意义的了。但如何才能认清自己，并超越现实中的自己呢？认清自己，就是清楚自己目前所处的位置及所面临的现实状态，即认清自己是什么，存在于哪种状态中，自己真正需要的是什么，自己正被什么束缚着。如果无法将这些识别清楚，自我超越就无从谈起。

对我们来说，每天都是一个新的开始。人生是一条奔腾不息的河流，永远不会停留在一个地方，也不会停留在某一阶段，它需要不断地超越。超越，是升华，是突变，是人生不可缺少的阶段，正是这种超越，才使人类从愚昧无知的远古走到文明昌盛的今天。

既已选择，就别轻易屈服

很多年轻人，在刚刚步入社会时，大多拥有自己的想法，给自己设计了诸多条成就大事的道路。然而很多人没用多久，在压力及现实面前，就高高地举起了双手，早早地屈服了。自己的理想只存留于幻想中，甚至越来越不被提及。

在人生的海洋中，有的人像无舵船，他们幻想能漂到一个富裕繁荣的港湾。而现实证实这多数是一种幻想和奢望。面对风浪海潮的起伏变化，他们束手无策，只能随波逐流，幸运的能漂进某个避风港，不幸者可能触礁或搁浅。但那些成功者，他们花时间研究计划、确定目标和航向，他们坚持走属于自己的路，从此岸到彼岸，有计划地行进。他们勇敢地做自己心灵的舵手。

理查德这位大学毕业的高才生，最令人诧异的一点，就是他没有成为哪个大企业的骨干，某个科研项目的专家，而是成了一个出类拔萃的油漆匠。

说起理查德，不得不提到他的父亲。这位从墨西哥偷渡过来的老一辈非法移民就是凭着一手好油漆活，在洛杉矶站住了脚。在一次大赦之后，这位老油漆匠拿到了绿卡，成了美国公民。

从小聪明又懂事的理查德经常在放学以后就帮助爸爸干油漆活。几年下来，理查德的手艺大有长进不说，而且有些方面还大有创新，连老爸都有点自叹不如。

理查德在校的学习成绩总是在全年级前三名，并且社区服务的记录也是全校最荣耀的，还获得过全美中学生美术展油画铜奖，这就使得他轻而易举地被哈佛大学录取了。

理查德在哈佛求学的过程中，成绩在班上总是名列前茅。但理查德每次给家里写信，都要对星期天没法摸摸油漆活而大发牢骚。或者，就是盼着早点放假，回家来摆弄油漆。四年很快过去了，理查德虽然成绩优秀，但坚持不上研究院，而是在洛杉矶找到了一份薪水蛮高而且非常体面的工作。

工作半年多，理查德的表现相当出色，但他心里总是不忘油漆活。有一次，公司的老板因为理查德工作优秀，就问他对公司有哪些看法，有些什么要求。理查德说，公司把有些部件拿到外面去做油漆不仅成本很高，而且质量也不理想，如果公司成立油漆部，就会很好解决这个问题。老板笑着说："这谈何容易？买设备倒是小事，招聘优秀的油漆技师可不是一件容易的事情。"理查德说："用不着招了，你面前就有一个。"于是，理查德把自己的经历同老板说了个明白，并且，还把招一些年轻人由他亲自培训的构想和老板进行了沟通。老板当即决定，成立油漆部，由理查德任经理兼技师。

理查德兴冲冲地告诉老爸自己提升了。当老爸知道儿子任油漆部经理时，半天没说出话来。虽然家里人一再规劝理查德三思而后行，但理查德仍坚持走自己的路。经过几年的努力，这个油漆部的工作非常出色，白宫有些用品都指定在这里加工。

许多事例证明，别人给予你的意见和评价，往往不是正确的。20世纪最伟大的科学家爱因斯坦4岁时才会说话，7岁才会认字。老师给他的评语是"反应迟钝，不合群，满脑袋不切实际的幻想"。享誉世界的音乐家贝多芬学拉小提琴时，技术并不高明，他宁可拉他自己作的曲子，也不肯做技巧的改善，他的老师说他绝不是个当作曲家的料。大文豪托尔斯泰读大学时因成绩太差而被劝退学。老师认为他“既没读书的头脑，又缺乏学习的兴趣”。如果以上诸位成功人士不是走自己的路，而是被别人的评论所左右，那他们就不会取得举世瞩目的成就。

几十年前，一位住在犹他州首府盐湖城的年轻人做了一件反常的事，令认识他的人大跌眼镜。在这之前，他因为工作勤勉努力，生活节俭有规律而被所有朋友称道。

他做了什么呢？原来他从银行中取出他的全部积蓄买了一部新车，这还不是最“愚蠢”的，当他把新车开回家后，就在车库里动手拆卸汽车，车库里摆满了零零散散的汽车零件。他仔细检查了每个零件，然后又把汽车装好，这个行为重复了许多遍，人们对此感到大惑不解，嘲笑他是不是“疯了”。

几年后，那些嘲笑过这位年轻人的人们不得不承认他们错了，说这位年轻人具有明智的见识。他开始制造汽车了。他的产品领导了整个汽车工业，他还在汽车这个领域做了许多有价值的改进和革新，他成功了。这个当年反复拆装汽车的年轻人名叫沃尔特 · 珀西 · 克莱斯勒。

很多特立独行的成功者在走自己的道路的过程中，总会听到别人不同的意见，但他们对自己的信念始终坚定不移，当别人对你的行为抱有怀疑甚至是反对的态度时，坚持自我的意见，才能有更大的突破。如果你对自己选择的路不迷茫，持续努力，那未来一定会有所收获。

不必过于在意别人的看法。用心思考，你会发现，几乎每一个成功的故事都源于一个伟大的想法，而故事的主人公无一例外地会遇到怀疑和困境。而他们的过人之处就在于能够使这些杂音在头脑中沉寂下来，让自己静静地倾听真正的声音。他们的“疯狂”并非真的盲目，其中蕴含着目的，蕴含着方法。人活着并不是因为千篇一律而有所价值，那些伟人，都是拥有自己独特的思想，并坚持自己人生方向的人。

多多鼓励自己，别让忧愁蒙蔽了你的眼睛

没有人的人生是一帆风顺的，在经受挫折的日子里，如果你信心殆尽，感觉前途渺茫，不要心急，也不要放弃，要相信黑暗只是暂时的，光明终将到来，多多鼓励自己，别让

忧愁蒙蔽了你的眼睛。经过鼓励，你的心中将充满希望，不去想失败，不去想困难，那只是人生的一种磨砺，而我们不会因为一次跌倒就放弃前行，我们终将相信，阳光将普照大地，我们也将从低潮中站起来，希望之火终将温暖我们的人生。

人们在遭遇逆境之时，总是一次次经受挫折，但是我们不能总是停留在挫败感中，如果我们不奋勇前进，那么注定会被成功抛弃。那么，我们要怎样鼓励自己再次前行呢？希望以下几个方法能够帮到你。

1.合理的规划人生：

这是我们走向人生巅峰的第一步，我们要真正规划自我和自己的人生理想，莎士比亚曾说“行动胜过雄辩”，当我们确定自己的目标后，就要鼓励自己奋起行动，去完成自己的人生理想。

2.控制自己的情绪

人在开心时，会获得无尽的力量，而感到挫败时就会缺乏继续前行的动力。所以我们不要总关注令自己气馁的事，令我们开心的事情就发生在我们身边，因此我们要控制自己的情绪，不断地肯定自己，用自己高涨的情绪来鼓励自己。

3.随时调整计划

人生不是坦途，它就像一条波浪线，有起也有落，不是所有的事情都会按我们期望的方向去发展，所以这就需要我们随时调整自己的人生计划，这才是明智之举。只有这样，当我们再度投入奋斗时，才会更加富有激情。

4.直面现在

我们要锻炼自己立即行动的能力，直面现在面对的每一个挫折与机遇，不缅怀过去，也不幻想未来，而是要着眼于今天，踏踏实实地去做每一件事，把自己的整个生命凝聚于此，鼓励自己去追求梦想。

可以说，鼓励自己是一种别样的自信，但它绝不是自卑、自傲，如果我们自己都不相信自己能够成功，那么还有谁会对我们有信心呢？给自己一个鼓励，相信自己有实力去完成每一个目标，相信自己一定能够取得成功，这便是我们成功的法宝。

第08章 不管世界多糟，我们要越来越好

每个人都希望自己的人生路上阳光灿烂，然而，很多时候却免不了暴风雨，免不了狂风大作，无论如何，我们还是要继续赶路，所以，我们要调整心情，积极向上，踏实奋进。只有这样，我们才会变得越来越好，而风雨之后，更加绚丽的彩虹也会在前方迎接你。

苦难面前，你是弱者还是强者

我们都知道，在人生道路上，困难和挫折是难免的，尤其是希望有一番成就的人们，更要有心理准备，人生会起起伏伏，我们无法预料，但是有一点我们一定要牢牢记住：逆境能吞噬弱者，也能造就强者。当你遇到逆境时，千万不要忧郁沮丧，无论发生什么事情，无论你有多么痛苦，都不要整天沉溺于其中无法自拔，不要让痛苦占据你的心灵。即便身处绝境，我们也要有勇气直面困难并且做到一直向好的方向行进，努力达到和谐的状态，那么，你最终将战胜困难，走出困境。

人们常说“置之死地而后生”。为什么生命在“死地”却能“后生”？就是因为“死地”给了人巨大的压力，并由此转化成了动力。没有这种“死地”的压力，又哪有“后生”的动力？这一点，也向我们证明了困境的激励作用。

实际上，上天对我们每个人都是公平的，为什么有些人能攫取成功的果实，有些人却只能甘于平庸？其中一个很大的原因就在于他们是否有走出困境的毅力。命运在为我们创造机会的同时，也为我们制造了不少“麻烦”。此时，如果倒下了，那么你也就失去了成功的机会；如果你经过挫折、失败的锤炼后变得更加坚强，那么你就是真正的强者。

科学家贝佛里奇也曾说过：“人们最出色的工作往往在处于逆境的情况下做出。思想上的压力，甚至肉体上的痛苦都可能成为精神上的兴奋剂。”因此可以说，逆镜是造就人才的一种特殊环境。“自古英雄多磨难”，历史上许多仁人志士在与逆境的斗争中作出了不平凡的业绩。因此，渴望成功的人们，任何时候都不要放弃希望，哪怕处于人生的绝境中，只要你抱有希望，就能绝处逢生。

当我们面临考验之际，往往会一直以为是已经到了绝境，但此时，不妨静下心来想一想，难道真的没有机会了吗？当然不，只要你满怀希望，你会发现，你在经受的只是一个考验，考验过去就是光明，就是成功。

当然，要走出困境，关键还在于我们自己。古语云：“自助者，天助之。”把别人的帮助当做希望，往往只是一种被动的奢求，外界的帮助使人更加脆弱，自助却使人得到恒久的鼓励。

法国作家巴尔扎克说：“挫折就像一块石头，对于弱者来说是绊脚石，让你怯步不前；而对于强者来说却是垫脚石，使你站得更高。”只有抱着崇高的生活目标，树立崇高人生理想，并自觉地在挫折中磨炼，在挫折中奋起，在挫折中追求的人，才有希望成为生活的强者。

所以，世界上没有任何事情是不可能的，如果你有成就事业的强烈愿望，你已经成功了一半，剩下的就是用你的心去实现它了。

踏实肯干的精神，终让你实现梦想

古人云：“天将降大任于斯人也，必先苦其心志，劳其筋骨，饿其体肤。空乏其身！”很多人心中都有成才成功的梦想，而真正能做到优秀的人却是少数。不是因为这些人墨守成规，也并不是因为这些人聪明不够，而是因为他们缺乏成才成功的坚实基础和坚忍的毅力。

诚然，现今社会，人人都追求张扬的个性，但不能忽视的是这种张扬这种个性应该建立在内心足够强大、根基足够宽广的基础之上，否则只能是任人摆布的玩偶，或者是单一的皮影，永远不会是一个鲜活的生命。

因此，生活中的我们，都要有踏实肯干的精神，无论你现在从事什么工作。你都要做到不腻烦、不焦躁，埋头苦干，不屈服于任何困难，坚持不懈；只要你坚持这样做，就能造就优秀的人格，而且会让你的人生开出美丽的鲜花，结出丰硕的果实。

我们先来看一个年轻人的故事：

小陆是某名牌大学经济系毕业的高材生，刚开始，他希望自己能进入国家单位当公务员。他想，省里的难进就先进市里的，要是市里的也难考就先考县里的。“我会一直努力参考，总有一天能在大城市的机关单位就职。我要让我的家人和我一起走出大山，然后在城里给他们买大房子，让他们开汽车。”大学刚毕业的小陆，对自己的人生方向有着很明确的规划。

但现实有时候就是这样，想要什么，就偏不给什么。屡战屡败后，小陆曾一度陷于低谷。“刚毕业的大学生，由于缺乏社会经验，基本上都是在面试时败下阵来的。对于那些五花八门的问题，还有一些专业性很强的术语，我感觉无从下手。”小陆说。“生活不是你想要什么就来什么，咱努力过了也就没有遗憾了。如果现在条件还不成熟，那就试着先干干别的，等将来有机会再考。总不能吊死在一棵树上，你以后的路还很长啊！”父亲这番话点醒了小陆。

考不上公务员，那最低要求也要在大城市找工作。小陆是个心高气傲的人，总觉得自己是有能力做一番事业的，只是还没有遇到机会和赏识他的伯乐。于是，他开始关注省城每周的招聘信息，也试着投简历，面试。

运气还算好，由于学历不错，长相谈吐也都大方自然，一些私企有意向录用他当文员或者秘书。“办公室里的好多人员学历不如我，能力也不如我，我觉得大材小用了。”所以，辗转了好几次类似这样的工作，他就是做不长。

“就在我快要对自己的未来绝望的时候，我遇到了表哥。他连小学都没毕业，如今却开着名车，还娶了城里漂亮媳妇。”小陆心里很不是滋味。

表哥告诉他：“和你哥我比，你可是幸福多了。有这么多人疼着你，还供你上了大学，长得一表人才，前途光明着呢，别丧气啊！人有时候就不能太较劲了，也不能急于求成，也不能把自己太当回事了。苦你得吃得，气你得受得。你哥我不就是盘子端过、碗洗过，被人骂过，一步一个脚印，脚踏实地地走，才有了今天。”表哥的经历让小陆彻底明白了一个道理：要想成功，起点固然重要，但脚踏实地的努力更重要。

现在的小陆已经大学毕业两年了，最终明白了一个道理：找不到理想的工作，与其自暴自弃，怨天尤人，还不如踏踏实实，在一个自认为还有着足够兴趣的岗位上一步一个脚印走。于是，小陆开始平静下来，在省城一家四星级酒店找了工作，现在他已经是前台经理了。

可能很多年轻人和小陆有着相同的经历，满腔热血却被现实浇灭，但扪心自问，问题却在自身，与其打着灯笼满世界找满意的工作，不如踏实下来，勤奋工作。要知道，没有伟大的意志力，就不可能有雄才大略。可能目前这份工作让你感到很沮丧，你觉得前途渺茫，但你真的做到了勤恳工作吗？既然没有，那么，何不尝试一下呢？努力工作，你会发现，成长始终伴你左右！

相信任何一个人，都曾经有自己的梦想，都曾经有满腔的抱负，希望可以一展拳脚，做出一番成绩来，但现实告诉他们，必须要从最基础的工作做起，这就好比一颗种子，如果浮于空中，是无法生根发芽的，只有埋进土里，经过雨水的灌溉、滋润，才能长成大树。现代社会，一些人心态浮躁，对于他们来说，这无疑是更高层面的挑战。艾森豪威尔说："在这个世界，没有什么比'坚持'对成功的意义更大。"的确，世界上的事情就是这样，成功需要坚持。雄伟壮观的金字塔的建成正是因为它凝结了无数人汗水的结晶；一个运动员要取得冠军，前提就是必须要坚持到最后，冲刺到最后一瞬。一旦有丝毫松懈，就会前功尽弃，因为裁判员并不以运动员起跑时的速度来判定他的成绩和名次。

因此，一个人若想不断进取，就不能腹中空空如草莽，就要努力充实、储备各种能力、各种知识或各种能为自身发展所用的东西，待时机成熟，再跨上另一个高度。

所以，我们任何一个人，都应趁着年轻还有时间和精力，多做对增加自己人生厚度、增添人生张力有益的事情。可能很多人对目前所从事的工作不满，因为薪水很低，甚至还需要自己委屈求全，但如果你确实能从中学到东西，增长才干，那么不妨给自己制订一个做这份工作的期限。在这个期限之内尽自己所能充分学习、充分提升自己，在到达这个期限之后你尽可以潇洒地向更高的目标迈进，或者那时你也许可以发现你已经站到了一个相当高的高度来审视这份工作。

改变自己永远比改变世界更容易

比尔·盖茨曾说，你不要妄想去改变世界，也不要妄想去改变他人，那不是你能够轻易做到的，最好、最直接的办法就是改变自己，只要自己变了，一切都会随之而改变。一个人的性格和一项制度的形成，往往具有稳固性，当我们改变不了世界时，我们不妨先学会改变自己，因为改变自己永远比改变世界更容易。

对有些人来说，改变世界太难了，甚至是一件根本无法想象的事，但若我们能先从改变自己做起，事情就会简单的多。尽管生命无常，生活起伏不平，但是有不少东西是完全可以把握的，那就是我们对待生活的态度。只有自己先改变了，身边的一些人才可能会跟着改变；身边的一些人改变了，很多人才可能会跟着改变；很多人改变了，更多的人就可能会改变，可以说，要想改变世界，你必须从改变你自己开始。

命运始终掌握在我们自己手里，如果你无力改变所处的环境，那么就先试着改变自己，在适应环境的过程中激发自己的能力，从改变自己开始，改造环境，获得快乐，最终才会改变别人，改变世界。

我们每个人都蕴藏着巨大的潜在力量

美国著名教育家哈佛曾说：“每个人都拥有一座潜能的宝藏。我们每个人都蕴藏着巨大的潜在力量，等待着我们去发现、去认识、去开发。这种力量一旦引爆出来，将带给你无穷的信心、能量。”的确，我们每个人的身体里都蕴藏着无尽的潜能，只要你能够探寻内心真实的自己，发现并加以利用这股潜能，便可以激发自己无穷的能力，从而实现自己的理想。

有些人在事业受挫时，总是会将原因归结为自身能力不足，其实不然。人身体蕴含的潜能是我们无法估量的，只是他们不知该如何释放并使用它。而那些乐观上进的人，总是能从自己身上找到前进的动力，想方设法地挖掘自身的潜能，就像用一把金钥匙打开了自己的成功之门，潜能带给他无尽的惊喜和财富，帮助他在工作、生活中取得良好的成果，这就是潜能宝藏的魔力。

人的潜能犹如一座待开发的宝藏，但是若没有得到激发，人的潜能就不会得到淋漓尽致的发挥，并非大多数人没有成为爱因斯坦的潜质，相反，若能发挥足够的潜能，每个平凡人都可以成为自己领域内的“爱因斯坦”，从而取得辉煌灿烂的成果。

人生找不到正确的方向，只能徒劳无功

人生最重要的，不是你所处的位置，而是你所朝的方向。蒲公英历经艰辛归于灵魂的净土，找到了自己的方向。年轻人总感觉自己好像少了什么，是方向吗？是的，就是方向，有模糊的目标，却少了清晰的方向。李嘉诚认为，年轻人必须要有一个正确的方向，不管你多么意气风发，不管你是多么足智多谋，不管你花费了多少心血，假如没有一个明确清晰的方向，就会感到茫然，甚至在前进的路途中渐渐丧失斗志，忘却最初的梦想。

在人生的路途中，李嘉诚先是找到了人生的方向，然后再顺势而进，拼搏出属于自己的未来。生活中，多少人盲目地努力着，却因找不到正确的方向，而徒劳无功。

伊辛巴耶娃，世界上第一个，也是唯一一个越过5米的俄罗斯女子撑杆跳运动员。众所周知，在撑杆跳这项运动中，伊辛巴耶娃确实是非常成功的。但是，谁能想到，她最初的梦想根本不是撑杆跳，她那时候最喜欢的是体操。

伊辛巴耶娃从小就对体操情有独钟，她梦想着自己有一天能成为世界体操冠军。为了实现自己的目标，她没日没夜地练习着体操，不管是寒冷的冬天，还是炎热的酷暑，伊辛巴耶娃对练习体操都不敢有一丝的懈怠。遗憾的是，随着年龄的增长，伊辛巴耶娃个子越长越高。对于一个体操运动员而言，高挑的身材反而是一种缺陷。比如，其他运动员能够翻四个跟头，太高的伊辛巴耶娃却因为个子太高只能翻两个半。显而易见，伊辛巴耶娃1.74米的身高在体操队中没有任何竞争优势。

这该怎么办？如果继续在体操这条路坚持下去，最终只会碌碌无为，甚至有可能越来越处于劣势。于是，伊辛巴耶娃经过客观的分析、权衡，她果断地告别了体操队，不过她依旧没有放弃自己曾经的梦想——成为世界冠军。她想到自己个子高，于是，她又将梦想寄托在能够充分发挥自己身高优势的撑杆跳运动上。

经过不懈的努力，终于，伊辛巴耶娃在撑杆跳运动中赢得了举世瞩目的成就。她在24岁时就成为了历史上最出色的女子撑杆跳运动员，曾十多次打破世界纪录，拥有5项重要赛事的冠军头衔：奥运会，世界室内、室外锦标赛，欧洲室内、室外锦标赛。

富兰克林曾说："宝贝放错了地方就成了废物。"年轻人要找准自己的方向，学会经营自己擅长的项目，这能够让自己的人生增值；而经营自己的短板，只会让自己的人生贬值。伊辛巴耶娃无疑是聪明的，她放弃了自己喜欢但不能发挥自己优势的体操运动，转而选择更具优势的撑竿跳运动，从而成就了自己的世界冠军梦想。所以，年轻人别把时间浪费在难以弥补的缺点上面，不要再让所谓的"短板"阻碍自己的成功之路。

1.准确定位自己

如何寻找人生的方向？一个人需要了解自己擅长的领域，努力让工作向这些兴趣爱好方面靠拢，这样就可以最大限度地发挥自己的才能，做事情也更容易成功。对自己有了准确的定位，就会知道自己在干什么，为了什么，有了信念，才会努力奋斗。

2.寻找到合适的方向

只知道跟在别人身后漫无目的地奔跑，只能自食其果。现实生活中，是否也有很多这样的人呢？拥有自己的方向，并懂得正确努力的人，就如一个高尔夫球高手一般，才会在生活这唯一一次的竞赛中取得优异的成绩。

荷马史诗《奥德赛》中有一句至理名言："没有比漫无目的的徘徊更令人无法忍受的了。"没有方向的迷茫会造成内心的恐慌，在徘徊中挣扎，最终不过是一个平庸的人生。因为无头苍蝇找不到方向，才会处处碰壁；一个人找不到出路，才会迷茫、恐惧。所以，年轻人，首先找到前进的方向比努力自身更重要。

聚积所有的力量，全力以赴向目标挺进

生活中的坎坷多是由自己、由内心造就的。内向者之所以迷茫、甚至跌倒，多是因为你没有看清自己。清楚地认

清自己的实力，选择了一条适合自己走的路，每天积累一点点，成功就会更快降临。但你要知道，成功的尺度不是做了多少工作，而是做出了怎样的成果。确立了目标并坚定地“咬住”目标的人，才是最有力量的人。

目标始终如一的人，能抛除一切杂念，聚积所有的力量，全力以赴向目标挺进。把你需要做的事想象成是一大排抽屉中的一个小抽屉。你的工作只是每天拉开一个抽屉，尽力完成抽屉内的工作，然后将抽屉推回去。不要总想着所有的抽屉，而要将精力集中于你已经打开的那个抽屉。一旦你把一个抽屉推回去了，就不要再去想它。

内向者，给自己一个清晰而合理的目标，在较短的时间内、正常的努力幅度下，它是能高高地踮脚就能够到的，这样的目标才会对你的人生拥有推进的作用。而那些看似远大，只能当做谈资而最终束之高阁的理想，对于它的过分追求，最终只能成为一种妄想。

只有每次只面对一天，并且把每一天都当做一辈子来过，我们才会万分珍惜这宝贵的一天的每一分、每一秒时光。把每一天都当做一辈子来过，那么，谁还会有时间，去挥霍、去做些无用功呢？

每天做好一件事，每天都能做好手边的事，有几个人能够做到？在现实生活中，有些人并不是好高骛远，在生活的重压下，眼前的一点点收获和利益不足以满足他们那颗强烈追求的心。于是，他们的眼光变得很长远，长远到遥不可及但却异常渴望。不知不觉，高不成低不就成了他们的习惯，在对生活的憧憬中，偶然有一天他们低头会发现，原来自己每一天都荒废了，都在原地的小小的圈子里踏步，远走的是心，而不是自己的脚步。

人生的时间、精力极其有限，想让有限的时间、精力造就人生最大的成功，就必须要挑选成功价值最大的事情去做。也就是说，我们每天都要有清晰的目标可以追求，每天做好一件事，这一个月，这一年，你将会有巨大的成长和收获。

用心把一天中最重要的那件事做好，执着地追求，你就会发现，你所有的行动都会带领你朝着这个目标迈进。在激烈的竞争中，如果你能做好一天中最重要、最清楚的事情，成功的机会将大大增加。

第09章 如果你知道去哪里，全世界都会为你让路

有人说，成功者之所以成功，是因为他们在自己擅长和热爱的领域内发挥了最大的价值，也就是说，他们选择的努力方向是正确的，所以才能事半功倍，遥遥领先于他人，所以，方向的选择比无目的的努力更重要。这就告诉我们，一定要了解自己的长处，根据自己的喜好和长处定位前进的方向，这样，当你走出了一条与众不同的路，你就成功了。

只要你走出一条与众不同的道路，就能找到机会

我们都知道，不是所有人都能事业成功、获得财富，他们必定有着一些常人没有的杀手锏，当然，就外在实力而言，当然是资金雄厚、人脉广博、技术先进的人更容易获得成功。而从内在因素考虑，那些乐观、勤奋、思维灵活、诚实、讲信用的人更容易获得成功。

如果你也拥有上述内在品质和能力，那么，你也一定会获得成功，即使你只有一部分，那么，你也比他人更容易获得机遇的垂青。

然而，又有人会问，如果我什么都不具备呢？其实，成功是没有固定模式的，只要你能走出一条与众不同的道路，机会总是有的。

松下幸之助曾说，人生成功的诀窍在于经营自己的个性长处，经营长处能使自己的人生增值，否则，必将使自己

的人生贬值。他还说，一个卖牛奶卖得非常火爆的人就是成功，你没有资格看不起他，除非你能证明你卖得比他更好。一般来说，很多成就卓著的人士的成功，首先得益于他们充分了解自己的长处，根据自己的特长来进行定位或重新定位。埃里森在读书这一点上并不擅长，但他擅长推销，擅长培养人才，他就是一个特立独行的创业者。

尺有所短，寸有所长。一个人也是这样，你这方面弱一些，在其他方面可能就强一些，这本是情理之中的事情，找到自己的优势和承认自己的不足一样，都是一种智慧。其实每个人都有自己的可取之处。比如说你也许不如同事长得漂亮，但你却有一双灵巧的手，能做出各种可爱的小工艺品；比如说你现在的工资可能没有大学同学的工资高，不过你的发展前途比他的大等。

成功学专家A·罗宾曾经在《唤醒心中的巨人》一书中非常诚恳地说过："每个人都是天才，他们身上都有着与众不同的才能，这一才能就如同一位熟睡的巨人，等待我们去为他敲响沉睡的钟声……上天也是公平的，不会亏待任何一个人，他给我们每个人以无穷的机会去充分发挥所长……这一份才能，只要我们能支取，并加以利用，就能改变自己的人生，只要下决心改变，那么，长久以来的美梦便可以实现。”

所以，我们要知道，一个人在这个世界上，最重要的不是认清他人，而是先看清自己，了解自己的优点与缺点、长处与不足等。搞清楚这一点，就是充分认识到了自己的优势与劣势，更容易在实践中发挥比较优势，否则，无法发现自己的不足，就会使你沿着一条错误的道路越走越远，而你的长处，却被你搁浅，你的能力与优势也就受到限制，甚至使自己的劣势更加劣势，使自己立于不利的地位。所以，从某种意义上说，是否认清自己的优势，是一个人能否取得成功的关键。

当然，要想发展自身的优势，首先要做到对自我价值的肯定，这有助于我们在工作中保持一种正面的积极态度，进而转换成积极的行动，这无疑是一项超强的利器。

坚持自己，成大事者无不有大志

李嘉诚认为：人，第一要有志，第二要有识，第三要有恒，有志则断不甘为下流。尽管这句话出自曾国藩，但李嘉诚坚定志向的毅力，与曾国藩可谓不分伯仲。李嘉诚小时候的理想就是当一名教师，从商之初，他的理想依然是“赚一大笔钱，然后再去搞教育”。立志是摆在人生的第一位的，一个人若是有了远大的志向，就可以无事不成。而对于李嘉诚自己来说，他几乎用了一生的时间来立志，不仅立下了大志，而且，在他的每个人生阶段都有不同的志向。李嘉诚的经商之路可谓是平步青云，不过，在事业成功的背后，我们不可忽视其远大志向带来的动力，正所谓“成大事者无不有大志”。一个人如果不立志，必然会失去奋斗的力量，或许，就一辈子只能碌碌无为了。

小辉和小枫一起进入了公司的销售部，两人学历相当，不过，两人的出身却有天壤之别。小辉来自于偏远的农村，由于家庭贫困，当初是接受了好心人的帮助才上了大学，不过，凭着自身优异的成绩，他在第一轮面试就胜出了。小枫是从小生长在城市，虽然说不上大富大贵，但是家境殷实，从小衣食无忧，毕业后没费多大的力气就进入了这家公司。

小辉自觉出身不好，心中暗自较劲，他给自己立下了志向：一年内混出个样子来，至少坐上副主管的位子。而小枫却是一个没什么大志的人，好逸恶劳，他所希望的工作就是：钱多事少离家近，能偷懒就偷懒，在公司上上网、聊聊天，提前下班去接女朋友。

几个月过去了，销售部主管的同事都知道，部门里最拼的是小辉，最懒散的是小枫。而在这几个月的工作中，小枫感到自己进入了人生的低谷期，他搞不懂这是为什么。明明自己和平时一样干活，从来不和小辉抢单子，很老实，又不犯错，但是，主管偏偏就是不喜欢自己，总是丢死单给自己。

小枫和小辉的关系还不错，两人在喝酒时，小枫忍不住问了小辉一个问题："为什么主管偏偏不喜欢我呢？"小辉说："哪个主管都不会喜欢混日子的人，他们喜欢有志向的人，因为有志向才有拼劲，你要懂得一个道理：在办公室里只有两种人，不是主角就是龙套，而志向将决定你的命运。"

在每个公司里，都有充满野心想往上爬的人，同时，也有那种只想着偷懒却没有大志的小职员。可能，刚进公司的时候，大家都站在同一条起跑线上，可是，过了几年，有远大志向的人不断地升职，或者跳槽找到更好的工作，而没有大志的小职员永远都是小人物，他们永远蜗居在公司的最底层。正如小辉所说：“在办公室里，只有两种角色：主角和龙套。”如果你没有做“主角”的大志，那么，你就只能跑龙套，你的志向将决定你的命运。

1.立下大志

君子立志，应有包容世间一切人和一切物的胸怀。李嘉诚有着极为高远的志向，而且，他的一生都在为实现远大的志向而不懈地努力着。一个有野心、有志向的人会成为主角，反之，一个碌碌无为，只想偷懒省力的人，只能跑龙套。

2.立长志

可能，每个人都会立志，但只有极少数人能够立长志，尤其是在职场，所以，成功的人从来都是少数。人在职场，就要为自己立下一个长远的志向，而不是经常立志，因为经常立志的人从来立不了长志，而只有立长志才有可能获得最后的成功。

3.立志应敢想敢为

从古至今，大凡取得成就的人，无一不是敢想敢为的人，比常人，他们总是多了一份勇气和智慧，因此，他们总是能赢得成功。正所谓“立志须有胆”，敢想才能敢为。

立志，可以使人有所追求，生活有了方向，整个人也会变得更加充实。对此，李嘉诚为自己立下了宏大的志向：“我就是船长，就是行进在波峰浪谷中的船的船长。”在以后的一生里，他时刻都在追寻着这样的远大的志向。

思考是打开成功大门的钥匙

李嘉诚说：“乐观者在灾祸中看到机会；悲观者在机会中看到灾祸。”提起思考，并不是科学家、发明家和伟人的专利，普通人同样有思考的权利。李嘉诚为什么能够实现自己的人生价值，并能取得大大小小的成功？答案就是他有独特的思考技巧。所以，从这个意义上说，人的成就首先是“想”出来的，是在正确思考后，并采取行动干出来的。每一个追求成功的人，几乎都能意识到：思考是打开成功大门的钥匙，都希望自己养成思考的好习惯。

一个养成思考习惯的人，往往不会满足于现状，不会因循守旧，不会迷信经验，不会盲从别人。他们遇到问题时，首先不是去接受别人的观点，而是多问一些“是什么”“为什么”“怎么样”等。有这样的习惯，他就不会只能做一个机械的操作置、搬运工，因为他习惯了思考、观察，敢于突破条条框框的束缚，寻求新的思路，这样才会成为成功人士。

拿破仑·希尔在遍访当时美国最成功的500多位富翁之后得到一个结论：“思考即财富。”中国一位传奇的民营企业家也有句名言：“没有做不到的，只有想不到的。”可见我们思考方法的匮乏是妨碍致富的一大障碍。只要养成善于思维的习惯，就会常常获得意想不到的效果。

不同的思考方式决定不同的行为目标，思考未来的技巧为你创造一种未来的新形象；要想取得突出成绩，思考是你必不可少的。如果你想要迅速致富，那么你最好去找一条捷径，不要到摩肩接踵的人流中去拥挤，要丢弃“不可能”“办不到”“多么愚蠢”的消极念头。

一个聪明人比一个普通人的高明之处在于，他总会比别人多想几步。其实，有时只要比平时多想一点就会把事情处理得很完美。在现实生活中，多想几步，也就是说具有一定的远见卓识，将给我们带来极大的价值。深度思维与扩散性思维会给我们带来巨大的利益，会打开不可思议的机会之门。对于追求成功的人来说，机会是平等的，就看你愿意不愿意运用“思考”的武器，去发现机遇，把握机会，攻克成功路上的难关。

1.别让思维被禁锢

但是，在生活中，仍有一些人不会思考，没有养成思考的习惯。特别是当一些成功的经验被定格在“习惯”上之后，一旦面对新问题，就会作出消极的反应：不想再做新的思考，一切都显得理所当然，不愿改变现状。

2.拓展思维

将自己的思维和视野努力变得开阔起来，善于从习以为常的事物中发现新的契机，主动反常逆变，去认识和发现新的事物。

3.学习巧妙的思考技巧

正确巧妙的思考技巧，对致富来说，无异于机器内部的硬件。大多数人并不缺乏知识与才能，但却没有一个正确巧妙的思考技巧。

无论从事何种行业，只要有思考的习惯，总会惊喜地发现新天地。尤其是那些身陷困境的人，更要开动脑筋，大胆思维，敢于走前人没走过的路，才有可能从“山重水复”走到“柳暗花明”。

方向不对，努力白费

有句话说得好：方向不对，努力白费。或许，你每天都在加班，工作起来从来不惜力，甚至还是一个彻头彻尾的完美主义者，但是最后所取得的成绩却是毫无所获。那么，年轻人，你在持续努力之前，是否选对了方向呢？当我们在穿衣服系扣子的时候，如果第一颗纽扣扣错了，那下面的扣子肯定会跟着出错。人生是一样的道理，如果我们选择的方向不对，那不管我们付出多少倍的努力，那最终的结果都是白费。甚至，当我们付出的努力越多，却偏离自己想要到达的地方越远。

威廉是一个十分勤奋的青年，他特别希望在各个方面超越别人。经过多年努力，但依然没有什么成效，他对此感到迷茫，希望智者能为自己指引一条方向。

这时智者叫来自己的三个弟子，嘱咐弟子们把威廉带到山上，打一担自己认为最满意的柴火。于是，威廉和智者的三个弟子沿着门前的江水直奔山上，智者则在门前等他们。

过了一阵子，首先回来的是威廉，他扛着两捆柴火，智者让他在一边休息。不一会儿，智者的两个弟子也扛着柴火回来了。最后回来的是小弟子，他从江面上驶来一个木筏，上面载着八捆柴。威廉看见如此情形，解释说："我刚开始就砍了六捆柴火，扛到半路，走不动了，只好扔了两捆；又走了一会儿，还是感觉柴火压得自己喘不过气来，又扔掉两捆。最后我就把这两捆柴火扛回来了，但是，大师我真的已经很努力了。"这时大弟子说："我和他刚好相反，刚开始，我们两各自砍了两捆柴火，我和师弟轮流担，觉得很轻松，最后，我们还把这位施主丢弃的柴火都挑了回来。"这时小弟子说："我个子矮，没什么力气，这么远的路程，就是一捆柴也无法挑回来，所以，我选择走水路，自己造了一个竹筏，结果就这样回来了。"

智者听了，微微颔首，然后走到威廉面前，拍着他的肩膀，语重心长地说："一个人要走自己的路，无可厚非，关键是如何走；走自己的路，让别人说，也无可厚非，关键是你走的路是否正确。年轻人，你要永远铭记：选择方向比努力更重要，选错了方向再努力也是白费力气。”

人生有很多条道路，路到尽头，内向者就应该及时转弯。我们总是敬佩那些执着努力的人，他们的精神被宣扬成主旋律，感染着许多青年人热血沸腾地努力拼搏。但你是否能在其中保持一个辨别方向的清醒的头脑呢？有人做过统计，在一般人所作的努力中，无效努力的成份占到80%以上，而造成你成功的有效努力的成份仅占20%左右。这依然符合二八法则的规律。

因此，我们可以说，积极地开发自己，调动自己的积极性，执著着努力，这些都是年轻人的不二选择。在这中间，内向者还应该着重注意：选择正确的方向，始终正确地努力，不要只顾盲目地奔跑，而失去了思考的能力。

目标是人生努力方向的不竭推动力

那些大凡作出巨大成就的人，他们都知道自己想成就的是什么？当然，他们绝不像太平洋中没有指南针的船只一样，随风飘荡。成就梦想，定下目标是第一步，然后思考：

如何达成自己的目标。这道理似乎听起来好像老生常谈，但是，令人惊讶的是，许多人都没有认清：为自己制定目标以及执行计划，是唯一能超越别人的可行途径。

每个人的行为特点都是有目的性的行为，一般来说，没有目的性的行为是很难成功的。有可能你想成为一名政治家，想成为一名流行歌手，想成为一名将军……但是，生活中没有目标的人就是可怜的糊涂虫，他们永远没有办法找到成功的途径。车尔尼雪夫斯基曾说："一个没有受到献身精神所鼓舞的人，永远不会做出什么伟大的事情。"一旦失去了目标，就意味着失去了人生的推动力，失败必将来临。当然，在追寻目标的过程中，我们应该有自己的立场，因为我们的生命不需要被保证。

一个没有目标的人就像是一艘没有舵的船，永远过着飘泊不定的生活，只会到达失望和丧气的海滩。许多人即使付出了艰辛的努力，但还是无法成功？其实，这是因为他的目标总是模糊不清或者根本没有实际可行的目标。在生活中，一旦我们确立了清晰的目标，也就产生了前进的动力，所以，目标不仅仅是奋斗的方向，更是一种对自己的鞭策。

有人曾这样说，一个人无论他现在多大的年龄，其真正的人生之旅，是从设定目标那一天开始的，之前的日子，只不过是在绕圈子而已。要想获得成功，我们就必须拥有一个清晰而明确的目标，目标是催人奋进的动力。如果你缺失了目标，即使每天你不停地奔波劳碌，却还是无法获得成功，而成功者之所以能轻松地走到成功，那是因为他们的目标明确，眼光长远。

第10章 勇敢点，去追求你想要的生活

生活中，有的人梦想着成为演员，有的人梦想着成为富翁，有的人梦想着成为伟人，但是，他们却因为缺乏勇气而与梦想失之交臂。梦想需要经过勇敢的拼搏，我们才能做那个我们想做的人，在追逐梦想的过程中，我们会遇到许多实现梦想的机会，但却常常由于怯弱和畏惧的心理而放弃了努力，导致机遇一次次擦肩而过。其实，只要我们勇敢点，勇敢地奋进，我们就能够做自己想做的人。

满怀自信的人，才能实现自己的意志

我们都知道，成功并非易事，在追求成功的过程中，大部分人还是失败了，获得成功的是少数，但其实只要我们时刻保持清醒的头脑和冷静的态度，并积极思考，就能寻找到人生的突破口，就能开创出事业上的新天地。所以，对于梦想，我们首先要做的是抛弃“不可能”的想法，因为自信会让你不断努力，让你产生源源不断的动力，正如石油大王洛克菲勒曾经说过一句话：“对我来说，第二名跟最后一名没有什么两样。”其次，要成功就要从小事做起，不断积累实力，向成功迈进。

高尔基有句名言：“只有满怀自信的人，才能在任何地方都把自信沉浸在生活中，并实现自己的意志。”古往今来，成功人士虽然从事不同的职业，具有不同的经历，但有一点是共同的：他们对自己都充满自信，由此激励自己自爱、自强、自主、自立。

埃及人想知道金字塔的高度，但由于金字塔又高又陡，测量困难，为此他们向古希腊著名哲学家泰勒斯求救，泰勒斯愉快地答应了。只见他让助手垂直立下一根标杆，不断地测量标杆影子的长度。开始时，影子很长很长，随着太阳渐渐升高，影子的长度越缩越短，终于与标杆的长度相等了。泰勒斯急忙让助手测出金字塔影子的长度，然后告诉在场的人：这就是金子塔的高度。

那么，生活着的人们，你们的人生的高度该怎样来测算呢？实际上，无论现在你处于什么样的境况，只要你不甘于现状，并积极为未来思考，寻找出路，就没有什么达不到的目标，你要相信自己，你有资格获得成功与幸福！

那么，很多人也处于贫贱之中，为什么没能做出什么成就？如果一个人屈服于贫贱，那么贫贱将折磨他一辈子；如果一个人性格刚毅，敢于尝试，不怕冒险，他就能战胜贫贱，改变自己的命运。

生活中，失败平庸者多，除是心态问题外，还有思维能力，他们在遇到问题时，总是挑选容易的倒退之路。“我不行了，我还是退缩吧。”结果陷入了失败的深渊。成功者遇到困难，他们能心平气和，并告诉自己：“我要！我能！”“一定有办法。”因此，我们的思维也需要做到与时俱进。有时候，可能你觉得你已经进入了死胡同，但事实上，这只是你没有找到出路而已，而改变事物的现状就是运用思维的力量，思路一变方法来，想不到就没办法，想到了又非常简单，人的思维就是这样奇妙。

所以，如果你渴望成功，渴望获得荣誉，就不妨从现在起，开始为你的目标积极思考吧，不要认为你办不到，不要存有消极的思想，你潜在的能力足以帮助你实现它。

当然，除了要有积极的思维方式外，成功的另一大重要因素是注重基础的积累。

有人问洛克菲勒：“成功的秘诀是什么？”他说：“重视每一件小事。我是从一滴焊接剂做起的，对我来说，点滴就是大海。”的确，不关注小事或者不做小事的人，很难相信他会做出什么大事。做大事的成就感和自信心是由做小事的成就感积累起来的。一切的成功者都是从小事做起，无数的细节就能改变生活。成功者之所以成功，在于他们不因为自己所做的是小事而有所倦怠。

因此，生活中的人们，你始终要记住的是，无论你的目标有多大，你都需要从小事做起，从手头工作开始。平庸和杰出的差距就在一些细节中，这是一个细节制胜的时代，对于自己的工作无论大小，都要了解得非常透彻，数据应该非常准确，也应该非常真实，这样才能脚踏实地完成宏伟的目标。

的确，很多小事，你能做，别人也能做，只是做出来的效果不一样。往往是一些细节上的功夫，决定着事情完成的质量。

毫无疑问，每个人都渴望成功。但成功要靠一步步的积累，一个人能否成就卓越，取决于他是否做什么事都力求做到最好，其中自然也包括那些再平凡不过的小事。事实上，会利用机会的人，往往不是那些把机会奉为神明的人，他们从没把希望寄托在机遇上，他们知道，大事业是从小处开始的，他们明白，一砖一木垒起来的楼房才有基础，一步一个脚印才能走出一条成功的道路。

总之，无论你现在从事什么工作，你的职位如何，那种大事干不了、小事又不愿干的心理都是要不得的。要知道，没有人可以一步登天，当你认真对待每一件小事后，你会发现自己的人生之路越来越广，成功的机遇也会接踵而来。能否把握细节并予以关注就成了一个人的素质与能力的体现。

行动，才是让你释放潜能的唯一方法

每个人的内心深处都埋藏着黄金，但唯有行动，才能让我们释放潜能、让我们发光发热。然而，生活中，人们都想成功，但却很少有人愿意为成功付出努力。而那些成功者之所以会成功，是因为他们即使害怕也会行动，而大多数人正是因害怕而没有作为。约翰·沃纳梅克——美国出类拔萃的商业家这样说过：“没有什么东西你是想得到就能得到的。”成功的人与那些蹉跎人生的人的最大区别，就是——行动！如果你能追溯那些成功人士的奋斗之路，你就会感叹：“难怪他会做得这么好！”怎么样的行动能获得最大的成功呢？是马上行动！只要你敢于迈出别人不敢迈的那一步，你就能比别人快“半拍”，就能成为第一个吃螃蟹的人。

因此，我们每个人要想成功，就应该做到敢为人先，就要认识到行动的重要性。现代乃至未来社会，执行力就是竞争力。成败的关键在于执行。

不难发现，我们生活的周围，很多人都对未来做出了各种各样的构想，但真正执行的人，却少之又少。每每考虑到会有失败的可能，他们就退缩了。因为他们怕被扣上愚昧的帽子，遇到别人取笑；他们不敢爱，因为害怕不被爱的风险；他们不敢尝试，因为要冒着失败的风险；他们不敢希望什么，因为他们怕失望……这种可能会遇到的风险，让他们畏首畏尾，举步维艰，他们茫然四顾，不知道自己的出路在何方，殊不知，如果你连第一步都不敢迈出的话，你永远不可能看到追求人生目标之路上的风景。

杰克·韦尔奇曾如此说道：如果你有一个梦想，或者决定做一件事，那么，就立刻行动起来；如果你只想不做，是不会有所收获的，而你也只会落得失望的结果。

人间的事情没有一件绝对完美或接近完美，如果要等所有条件都具备以后才去做，只能永远等待下去了。如果一个人一直在想而不去做的话，根本成不了任何事。

总之，你需要记住，千里之行，始于足下；不积跬步，无以至千里；不积小流，无以成江海。凡事要想做大，都得从小处做起，从眼前最基本的事物做起。如果一个人心里有远大的理想，却不愿意一步一步去努力，那他永远也不会有美梦成真的那一天。

不敢冒险的人，永远不会成功

作为一个平凡的人，我们每个人都害怕失败，渴望成功，于是，人们在做一件事之前，都会产生各种顾虑，都会迟疑不定，而实际上，正是因为迟疑，很多人开始恐惧、左思右想，最终被恐惧扰乱心境而不敢执行。在任何一个领域里，不敢冒险的人，就不会获得成功。

据社会学专家预测，未来的社会将变成一个复杂的、充满不确定性的高风险社会，如果人类自由行动的能力总在不断增强的话，那么不确定性也会不断增大。你应该意识到，各种变化已经在我们身边悄然出现，勇敢地投身于其中的人也越来越多了，而如果你不积极行动起来、缺乏竞争意识、忧患意识，安于现状、不思进取，如果你还没被惊醒的话，就会被时代所抛弃，被那些敢于冒险的人远远甩在后面。当然，现阶段，你应该把眼光重点放在培养自己的冒险精神上。所以，从这一角度来看，敢于冒险也是有远见的表现，也是一种长远投资。

石油大王洛克菲勒曾说：“与其生活在既不胜利也不失败的黯淡阴郁的心情里，成为既不知欢乐也不知悲伤的懦夫，倒不如不惜失败，大胆地向目标挑战！”他这句话是要鼓励人们勇于改变安稳的现状、敢于冒险。事实上，我们也发现，洛克菲勒本人就是个有雄心壮志的人。

1870年，标准石油公司成立，洛克菲勒任总裁，该公司资产100万美元。洛克菲勒放言，“总有一天，所有的炼油和制桶业务都要归标准石油公司。”公司主要负责人不领工资，只从股票升值和红利部分中提成。“不领工资只分红”这个制度创新一直影响到现在的美国企业。洛克菲勒坚信“一个人往往进入只有一件事可做的局面，并无供选择的余地。他想逃，可是无路可逃。因此他只有顺着眼前唯一的道路朝前走，而人们称它为勇气。”以及“与其生活在既不胜利也不失败的黯淡阴郁的心情里，成为既不知欢乐也不知悲伤的懦夫的同类者，倒不如不惜失败，大胆地向目标挑战！”

的确，人生的旅途中，不敢冒险的人、不敢真正跨出第一步的人，最终的结果只能使自己在给自己限定的舞台上越来越渺小。没有舞台的演员就像被缴械的军人，被剥夺了笔的画家，成功离他就越来越远。

当然，风险越大，报酬越高。机遇稍纵即逝，优柔寡断，迟疑不决，将会错失良机。所以，你还需要有勇气。只有敢作敢为的人，才敢于承担责任和风险，才敢于直面困难和障碍，挫折和失败，才能抓住机遇获得成功。

生活中的每个人，都应该认识到智慧在创新过程中的重要性，如果你是个什么都敢于尝试的人，那么，你是一个勇者。但如果你希望获得成果，那么，你还要有谋略，你就要学会用智慧指导行动。要知道，机遇是个挑剔的女神，只垂青于肯动脑筋、爱用智慧的经营者。没有全面的素质和一双洞察机遇的眼睛，又怎么能够开启成功创富的慧泉呢?

为此，要锻炼自己的勇气，你可以向自己不敢做的事“下战书”，就是拿过去不敢做的事，曾经畏惧的事情“开刀”，克服自己的心理恐惧，扫除心里的“精神垃圾”，以树立起信心。

也许到现在为止，你还有很多因为不敢做而没去做的事，那么，不妨给自己列个清单，挑战一下自己。每天，你都要将其中一条划清，每做一件不敢做的事，你就朝着勇敢更迈进了一步，成功就会向你招手。

其实，人的一生就是一场冒险，走得最远的人是那些愿意去做、愿意去冒险的人。我们每一个人都要相信自己能成功，要鼓起勇气，尝试第一步，这才是真正的勇者。

认真地活在当下，才是最真实的人生态度

有人说，要想活出今天的精彩，一定要学会做三件事。第一件事是只看眼前，把未来会发生的麻烦抛之脑后，这样，你会觉得无比轻松与满足。第二件事是学会感恩，对待生活，有些人总是心心念念地记得那些困境和挫折，对生活给予他的幸福和快乐视而不见，显然这样只会让他徒增烦恼。第三件事是学会放手，要知道，舍得舍得，凡事有舍才有得。

许多人喜欢预支明天的烦恼，想要早一步将其解决。其实，明天如果真的有烦恼，你今天是无法解决的。每个人每天都有各自的任务和使命，唯有认真地活在当下，努力做好事情，完成今天的任务和使命，才是最真实的人生态度。

同样，生命的意义也只能从当下去寻找。过去的事，均已过去而不存在。不论是多美好且令人怀念，或是多么丑陋令人追悔，都没有必要沉湎于过去的情绪当中。对过去的怀

念或追悔，只能徒增自己的烦恼，进而干扰对于当下该做的事情。当然，检讨与反省过去，以为后事之师是可以的，但却没有必要因此而影响当下的情绪。

天性乐观的人会把自己的人生过得十分精彩，而悲观的人则只会将自己的人生经营得更加黯淡。有什么样的心态就会有什么样的人生，人生虽然不能改变我们，但我们可以改变它，让我们的每一天都有滋有味，精彩非凡。以下几点能帮你更好地改变人生。

（1）把握现在，人最怕的就是等待，千万不要为了等待而活。如果你一辈子都在等待，等待着你的爱情、等待着你的工作、等待着站在人生的巅峰，那么，你根本无法把握现在，那又谈何精彩。

（2）不求完美。因为追求完美的人，比较容易感到焦虑和沮丧。

（3）减轻压力。在百忙当中，我们应该学会偷闲，让自己无牵无挂，才能仔细品尝生活的乐趣。

（4）培养幽默感。 幽默感可以让人发笑。笑，可以减轻痛苦。

（5）知足。知足常乐，人的欲望无穷无尽，不能满足时，便难以快乐，因此唯有节制物质欲望，使欲望容易得到满足，才会产生快乐。

（6）助人。助人为快乐之本。帮助别人的结果是帮助自己，使自己从中获得快乐和满足，助人不一定要在物质上帮助，简单的举手之劳或关怀的话语，也能让别人快乐，自己也会被感染到快乐

人生的事，没有十全十美的。愿我们都能真实地活在现实、活在当下，珍惜我们活着的每一天。

马斯洛说：心若改变，你的态度跟着改变；态度改变，你的习惯跟着改变；习惯改变，你的性格跟着改变；性格改变，你的人生跟着改变。在顺境中感恩，在逆境中依旧心存喜乐，认真活在当下，真实地活在今天才是最宝贵的。

义无反顾地前行，成功才会向你招手

勇气是任何事业成功的基础，内向者缺乏勇气，甚至恐惧缠身，自然会一事无成。有些事固然是看起来容易，做起来难，但现实中也有许多事情，是看似很难，实际上做起来

并不像想象的那样困难。有时正是自己的畏惧，加剧了自己的怯懦，不敢努力去实践，甚至放弃目标。当然，对困难予以充分的估计是必要的，但不能因此而失去勇气。

我们应充分看到自己的能力，鼓起勇气，树立自信，同时辅之以积极的自我暗示，自我激励。如“区区小事不值得害怕”“别人能做到我也能做到”，从而为自己打气、壮胆。在困难与阻力面前要有一股敢斗的勇气和气势，从而战胜自己的畏惧。迎着困难与压力迈出关键的第一步，并义无反顾地大胆往前走，这样成功与希望就会向你招手。

尼采说：“当我们勇敢的时候，我们并不如此想，我们一点也不认为自己是勇敢的。”有时候，内心畏惧是源于我们总是不断地逃避问题，那些怯弱而畏惧的人通常都是这样。其实，当我们试着去改变自己的内心，让自己内心变得强大起来的时候，我们会惊讶地发现，克服挫折不过如此，它容易得就像是跨过一道门槛。但是，如果总是任由内心畏惧而不去改变，那么，我们将失去许多成功的机会，因为幸运总是降临在那些有着强大内心、坚韧精神的人身上。

内心畏惧的人常常表现为害怕困难，意志薄弱，惧怕挫折，内心异常脆弱。遇到了挫折，总是习惯性退缩或者消极抵抗，不愿意冒险，惊慌失措而不知怎么办才好。其实，内心越是畏惧，挫折就会变得越来越强大；而内心越是强大，挫折就会变得不堪一击。我们要想成功地战胜挫折，首先应该战胜自己内心的畏惧，让自己变得强大起来，挫折与困难才会迎刃而解。

人生的种种历练，对于我们来说，可能是一种折磨，但是，它更是一种锤炼，暂时的痛苦算不了什么，只要心中有勇气，一次次经受住磨炼，不畏困难，最后，我们定能炼就出一块坚韧的钢。在日常工作中，我们也会遇到种种困难，有成功就有失败，有喜悦就有眼泪，但是，哪怕是失败和眼泪，它所能带给我们的依旧是不断地尝试，而不是最终的结果。失败算不了什么，关键是你不能失去坚持下去的信心，以及那份深藏内心的坚韧。

心怀勇气，有信心攻克难关，最后，你就能赢得工作上的成功。谁也不想使自己的一生碌碌无为，人人都梦想一生成功、富贵，可是只有少数人与成功、财富结缘。内向者常抱怨自己没有遇到好机会、生不逢时，然而机会一旦降临，你是否有足够的勇气和胆识去把握？因为坚韧，百炼成钢，只要心中怀着勇气，自己就能毫不畏惧。

百折不挠，绝不屈服于挫折

人生之路犹如白流入海一样，不会是一帆风顺、一路坦荡，总是要经历风风雨雨，坎坎坷坷。那些成功的人在面对人生低谷的时候，总是能够心底坦然，不会屈服于挫折，勇于做一个承受痛苦、奋斗不息的人，以百折不挠的精神，继续奋力前行。

一位教授在课堂上经常引用著名哲学家苏格拉底的名言：这个世界上有两种人，一种是快乐的猪，一种是痛苦的人。意思就是说这个世界上有许多人，他的人生就希望享受，有一天过一天，今朝有酒今朝醉。但是渴望成功的每一个人都必须做好痛苦的准备，要获得幸福，获得快乐，没有痛苦的思想准备是很难实现的。

以顽强的毅力和百折不挠的奋斗精神去迎接生活的挑战，你才能够免遭淘汰。上苍能在无意中夺去你的视力，也可以在不知不觉中毁掉你的手臂，但只要你能充满信心地与命运进行搏斗，你就能战胜一切困难和障碍。要知道，蒙灰的黄金，要经过时间的流逝和风雨的打击，才会发出耀眼的光芒。

很多人做事都是虎头蛇尾，而且还有看到失败的迹象便立刻退却的倾向。要知道，人可以被打败但不可以被打倒。只要你心中有光，你同样可以一百零一次站起来，把苦涩的微笑留给昨日，用不屈的毅力和信念赢得未来。因为很多时候击败我们的不是别人，而是自己对自己失去信心，熄灭心中的希望之光。

第11章

信念在心中，梦想终可成

在对那些成功者进行分析时，我们不难发现，那些真正的成功者多半都是特立独行的，在他们追求成功的道路上，他们始终坚持自己的信念，甚至无论别人反对的态度有多么强烈，他们都坚持自己的意见，这才使他们有了更大的成就。所以，我们要记住，信念是坚持梦想的重要动力，只要你相信自己，就勇往直前，总有一天，梦想定会达成。

强有力的信念能带来奇迹

也许在我们每个人的心中，都希望自己能拥有完美的终身事业，当然，最终结果却并非如此，当你问他们为什么没有实现自己的梦想时，他们又能找出一大堆原因，其实，这都是他们的借口而已，最为根本的原因只不过是信念，是因为他们的信念易于改变。

行为和情感都是源于信念，而要想根除促成情感和行为产生的信念，就要问自己根除它的原因是什么。对于那些你认为做不到的事，为什么不问问自己为什么呢？其实，只要细想，你就能知道，你认为的“不可能”，只是在自欺欺人而已，你低估了自己的能力，只要你懂得扭转内心那些负面的阻碍进取的信念，就能变消极为积极，实现自己的目标。

在强有力的信念之下，是能带来奇迹的，信念能使人们的力量倍增，如果失去信念，我们将一事无成。所以，当我们遇到困难时，要在心中建立一个成功的信念，这样，我们就能努力找到事情的光明面，然后用乐观的态度去寻找方法，将困难解决。

世界酒店大王希尔顿，用少量资本创业起家，有人问他成功的秘诀，他说："信心。" 美国前总统里根在接受《成功》杂志采访时说："创业者若抱有无比的自信心，就可以缔造一个美好的未来。"

生活中的人，若都有成功的强烈的愿望，那么，你就会让他人更容易相信你的能力，因而也会得到更多的锻炼机会，你就会更容易成为一个有能力的人。

在很多渴望成功的人眼里，石油大王洛克菲勒也是他们学习的榜样。他能从一无所有到拥有现在的商业帝国是一个传奇，但事实上，这却是他持之以恒、积极奋斗的回报，是命运之神对他艰苦付出的奖赏。他曾经对自己的儿子说过这样一句话："我们的命运由我们的行动决定，而绝非完全由我们的出身决定。"生活中的我们也需要记住，一个人的命运如何，是掌握在自己手里的，出身只能决定我们的起点，不能决定我们的终点，对此，洛克菲勒的人生轨迹可以加以证明：

幼年时的他就开始随着父母过着动荡不安的生活，他们总是搬迁。到他11岁时，父亲因一桩诉讼案而出逃。此后，年仅11岁的洛克菲勒就担起了家里生活的重担。

后来，对知识的渴望，让他在商业专科学校学习了三个月，在学会了会计和银行学之后，就辍学了。

出了学校的洛克菲勒，刚开始在休伊特·塔特尔公司做会计助理。在工作中，他始终不忘学习。每次，当休伊特和塔特尔讨论有关出纳的问题时，洛克菲勒总是认真倾听，从中汲取知识。另外，洛克菲勒在这家公司从业期间，为公司带来了不少效益，赢得了老板的赏识。

洛克菲勒很细心，每次在公司交水电费的时候，洛克菲勒都要逐项核查后才付款。而老板只看总金额，这很快，让洛克菲勒取得了老板的信任。

又有一次，公司高价购买的大理石有瑕疵，洛克菲勒巧妙地为公司索回赔偿。休伊特很欣赏他，就给他加了薪。

后来，洛克菲勒从一则新闻报道中得知由于气候原因英国农作物大面积减产。于是他建议老板大量收购粮食和火腿，老板听从了他的建议。公司因此而获取了巨额的利润。

成绩斐然的洛克菲勒要求加薪，遭到了休伊特的拒绝。于是，洛克菲勒离开公司决定创业。洛克菲勒只有800元，而创办一家谷物牧草经纪公司至少也得4000元。于是他和克拉克合伙创业，每人各出2000元。洛克菲勒想办法又筹集了1200元，才凑够了2000元。这一年，美国中西部遭受了霜灾，农民要求以来年的谷物作抵押，请求洛克菲勒的公司为他们支付定金。公司没有那么多资金，洛克菲勒从银行贷款，满足了农民的需要。经过一年的苦心经营，获利4000美元。

而如今，洛克菲勒中心的53层摩天大楼坐落在美国纽约第五大道上。这里也是标准石油公司的所在地。标准石油公司创立之初（1870年)仅有5个人，而今天该公司拥有股东30万，油轮500多艘，年收入已达五六百亿美元，可以说，这里的一举一动牵动着国际石油市场的每一根神经。

洛克菲勒的人生就是从一个周薪只有5元钱的簿记员开始的，但经由不懈的奋斗却建立了一个令人艳羡的石油王国。洛克菲勒的成功并不是一个神话，他只是更懂得用行动和智慧来经营人生，他有一双发现机会的慧眼。他从为别人打工开始，就显示出了与众不同的智慧。

这个真实的故事再次使我们坚信：一个人的内心中如果在年轻时就树立一个目标，并坚持不懈地为之努力，那么，他一定会是一位成功的人。

的确，人的潜力是无穷的，如果你对自己有足够的信心，你就会发现自己原来拥有这样的潜力，原来自己可以做到许多事情。如果你想有个辉煌的人生，那就把自己扮演成你心里所想的那个人，让一个积极向上的自我意象时时伴随着自己。

目标有时遥遥无期，总也望不到头。你也许正在艰难中坚持却疲倦不已，如果这时放弃，以前的努力都将白费，所花的心血都将是徒劳；而只要再坚持一会儿，再加一把劲儿，眼前就有可能是别有洞天，豁然开朗。当你拨开迷雾重见阳光的一刹那，你会觉得所做的再苦再累都是值得的。

总之，信念是一种无坚不摧的力量，当你坚信自己能成功时，你必能成功，许多人一事无成，就是因为他们低估了自己的能力，妄自菲薄，以至于缩小了自己的成就，信心能使人产生勇气，成功的契机，是建立自己的信心和勇气，以信心克服所有的障碍。

追求梦想，无论如何不能放弃希望

生活中，人们常开玩笑说：“梦想很丰满，现实很骨感。”的确，我们每个人来到这个世界上，都想在这个世界上留下点什么，我们都历经了艰辛，困难，挫折，失败变得沮丧，变得没有自信，从而放弃了原本的努力和追求，我们是如此的无奈。但是，成功的能有几个，大部分人都是平凡的，甚至是碌碌无为地度过漫长的一生，只是我们每个人都有着属于自己的梦想，但是为了生活，为了生计，却与当初的梦想背道而驰。这应该是大部分人的成长轨迹。

然而，无论如何，在追求梦想的过程中，我们无论何时都不能放弃希望。同样，生活中的人们，人生无常，当人生的不幸来临时，积极的心态是一个人战胜一切艰难困苦，走向成功的推进器。积极的心态，能够激发我们自身的所有聪明才智；而消极的心态，就像蛛网缠住昆虫的翅膀、脚足一样，来束缚人们才华的光辉。石油大王洛克菲勒曾说：“命运给予我们的不是失望之酒，而是机会之杯。”这句话曾被他写进家信中，目的是要告诉他的子女们，无论命运把我们置于何地，我们都不要放弃自己的梦想。洛克菲勒讲述了自己就业之初的一段辛酸史：

那时候，他刚从学校毕业，他立志要进入一家大公司，因为这样他就能以大公司的方式思考问题。于是，他开始了自己辛苦地找工作的历程。他来到一家银行，但不幸的是，他被拒绝了；接下来，他又去了一家铁路公司，结果仍然失败了。那是一段难熬的日子，天气又很热，但他还是坚持找工作，他所有的生活内容就是找工作，一个星期内，他把所有被他列入名单的公司都找了个遍，但仍然一无所获。

在外人看来，这是一件非常糟糕的事，但洛克菲勒告诉自己，没人能阻止我前进的道路，阻碍你前进的最大的敌人就是你自己，你是唯一永久能做下去的人。如果你不想让别人偷走你的梦想，那你就要在被挫折击倒后立即站起来。

洛克菲勒没有沮丧、气馁，尽管他遇到了接二连三的打击，但反而坚定了他继续努力的决心，接下来，他又从头来，一家一家地跑，有些公司，他甚至跑了几次。皇天不负有心人，这场漫长的求职旅程终于在一个半月以后结束了。

1855年9月26日，他被休伊特–塔特尔公司雇用。这一天似乎决定了洛克菲勒未来的一切。

直到很多年后，洛克菲勒还是把9月26日当做“重生日”来庆祝，他对这一天抱有的情感远胜过他的生日。

的确，曾经有人说，人生在功能上就像是一部脚踏车，除非你向上、向前朝着目标移动，否则你就会摇晃跌倒。从小到大，每个人都会有许多梦想。有人说，“年少时，梦想往往很远大；成年后，梦想常常会缩小。步入盛年，我们的梦想或许越来越少；但是，我们的梦想不再不切实际，而是可以通过努力去实现的。”但实际上，年少时的梦想本来同样可以实现，只是很多时候，在众多现实问题和困难前，我们把它搁浅了。的确，现实车轮沉重缓慢得碾碎了许多人的梦想。

事实上，成功和失败之间的区别在于心态的差异：成功者着意亮化积极的一面，失败者总是沉迷消极的一面。心态是个人的选择，有成功心态者处处都能发觉成功的力量。一个人有了积极的心态，成功就变得容易了。

我们被上帝赐予了聪慧的大脑和坚韧的肌肉，不是为了让我们成为失败者，而是希望我们成为伟大的赢家，伟大的人生就是不断征服和变得卓越的过程，我们必须要向目标前进，不怕痛苦，态度坚决，准备在漫长的道路上跌跤。总之，在追求梦想的过程中，无论我们遇到了什么，都一定要振作起来！学会用积极的眼光看待问题，你就能看到阳光，看到希望。

同时，哲人告诉我们，只要信念还在，希望就在。许多人一陷入困境，就悲观失望，并给自己施加很重的压力，其实，应告诉自己，困境是另一种希望的开始，它往往预示着明天的好运气。因此，你只要放松自己，告诉自己希望是无所不在的，再大的困难也会变得渺小。可以说，这也是一种“和谐”的心态，如果你认为前方路途是好的，那么，你就能朝着这一好的方向行进，并最终看到胜利的曙光。

魏尔仑说：“希望犹如日光，两者皆以光明取胜。前者是荒芜之心的神圣美梦，后者使泥水浮现耀眼的金光。”希望给人以坚定的信念，心中没有希望就不会耐心地等待，最美好的希望往往产生于最无望的逆境中。

人一生不可能常处顺境，有时候你会被淘汰出局，只要你继续参加比赛，就有希望存在，总会获得让你满意的成绩。天才未必就能富有，最聪明的人也不一定幸福，想要摆脱人生的困境，你要记住让希望的阳光照进心田，要努力拯救自己摆脱困境。

不想平庸，你就要有强烈的成功愿望

我们生活中的每个人，都想拥有灿烂的人生，都想实现自己的人生价值，但你可曾想过，在你的周围，为什么不同的人会有不同的命运？曾经有人说："人们往往容易把原因归结于命运、运气，其实主要是愿望的大小、高度、深度、热度的差别而造成的。"可能你会觉得这未免太过绝对了，但事实上，这正体现了心态的重要性，废寝忘食地渴望、思考并不是那么简单的行为。不想平庸，你就要有强烈的成功愿望，并不知不觉地把它渗透到潜意识里去。

真正改变人生的，往往就是我们的态度。甘于平庸，最终也只能平庸，敢想敢做，敢于追求自己想要的人生，才能得到你想要的人生。

生活中的一些人总是感叹时运不济，他们总习惯于把自己的艰难归咎于命运，事实上，世上真正的救世主不是别人，而是自己。你完全可以摆脱曾经消极的想法，成为一个积极向上的人，培养自己的热忱，找到自己的目标，这样我们就能为现在的自己做一个准确的定位。

因此，生活中，我们都应该明白，最大的危险不在于别人，而在于自身。如果你总是意志消沉、不思进取，那么，即使曾经的你有再大的雄心和勇气，也会被抹杀，最终也会滞足不前，一生碌碌无为。

现实生活中，也有一些人他们早已为自己树立了人生目标，并告诉自己，一定要为理想奋斗。而随着时间的推移，他们发现，为梦想奋斗是如此需要努力和恒心的一件事，目标也实在是遥远，而这样，是不可能收获胜利的果实的。现实案例告诉我们，百分之九十的失败者其实不是被打败，而是自己放弃了成功的希望。因此，我们要谨记，无论你遇到什么，都要咬紧牙关，不要放弃最后的努力。因为成功与不成功之间的距离，并不是一道巨大的鸿沟，它们之间的差别只在于你是否能够坚持下去。

事实上，很多人之所以不能迈出人生的关键一步，就是因为他们缺乏志气，志气的缺乏导致动力的不足，这让他们每当感到压力的时候，就会一蹶不振，很难把失败的惩罚当作不断前进的新动力。任何要想成功的人首先要学会的就是培养自己的志气和坚韧不拔的毅力，坚忍不拔，要能够超越失败，成功才会与你越来越近。

为此，在为梦想奋斗的过程中，我们需要做到：

1.进取心态最为根本

席巴 · 史密斯说：“许多天才因缺乏勇气而在这世界消失。每天，默默无闻的人们被送入坟墓，他们由于胆怯，从未尝试着努力过；他们若能接受诱导起步，就很有可能功成名就。”

对于一个普通人来说，只有树立理想，点燃激情，才能激发出无限的潜能。

2.唤醒自己的梦想

我们心中都会有一个属于自己的梦想，但紧张的工作、繁琐的生活可能会让你搁浅心中的梦想。但你发现了吗，正是因为你失去了梦想，你才会显得无力，没有热情。任何人潜能的激发只有具有一个伟大的动力，才会被最大限度地激发出来。因此，不要犹豫了，为理想奋斗吧，你的人生才会焕发出别样的精彩！

3.审视自己，找出自己的闪光点

我们生活的周围，的确有这样一些人，他们有自己的梦想，为了自己的梦想，他们在该方面努力学习，甚至不愿浪费一分一秒的学习时间，但奇怪的是，为什么他们的努力总没有效果呢？原因很简单，因为他们没有找到正确的努力的方向！任何人，盲目的奋斗，都将会艰辛百倍，甚至一无所获。而每个人都有与众不同的地方，可能这些不同的地方会因为日常那些繁琐的事情而被掩盖，那么，从现在起，不妨停下脚步想想，你是不是在某些方面比别人更有天赋呢？如果有，就不要盲目奋斗了，重新审视自己，从自己最擅长的事情做起，你会省力、省心很多！

也许在一些人看来，吃苦受累是失败的表现，诚然，经历苦难是一种痛苦，因为苦难常常会使人走投无路，寸步难行，苦难常常会使人失去生活的乐趣甚至生存的希望。但目标远大、有志气的人，都能看到苦难背后的力量，他们甚至把吃苦当作是人生一种重要的体验和千金难买的财富。

鼓舞自己，告诉自己可以做到

每个人心中都有一个美好的理想，都有一个我们愿意为之付出所有努力的目标，但有的时候，当我们咬紧牙关，拼尽全力去工作、学习时，却发现那个梦想的目标依然可望不可及，在这种精神和肉体的双重折磨下，有些人会心生退意，望而却步，最终只好选择了放弃。可是如果我们能退一步想，放弃这个目标真的是因为我们做不到它吗？

在生活中，人们常常会为了共同的理想和深厚的感情，为其他力不从心的人加油，鼓励他们为了理想不断前进，不要放弃。可是难道我们自己就甘心做一个放弃了理想，没有奋斗目标的失败的人吗？不是的，其实，我们自己更要不断地鼓励自己，为自己加油，有些优点和苦楚只有我们自己知道，因此来自自身的鼓励最能鼓舞自己。只有这样，你才能继续努力奋斗，你会发现，实现理想的路途并不遥远，而你真的能成功。

鼓励自己是一种意念，在努力奋斗的日子里，我们需要的就是持续不断的、永不服输的信念。鼓励自己，世界如此美好，我们可以失败，但是不能放弃努力，坚强的信念将使我们更加进取，更加坚定，直至走向成功。

鼓励自己是一种自信，人可以自信，但不能自傲或是自卑，如果我们自己都不相信自己能够成功，那还有谁会对我们有信心呢？给自己一个鼓励，相信自己，努力地去做每一件事，相信自己可以完成，可以成功，绝不能因为一次不如意，便丢掉我们熟悉的自信，它是我们成功的法宝。

世事多变，不可能尽如人意，生活中总会出现一些突如其来的变故，打乱我们原本的计划。这时，我们所能把握的只有自己。任何意外都只不过是为胜利增加谈资，使成功的盛宴更加丰盛。不管发生任何事，都要记住：你是最棒的！鼓励自己，相信自己。

一句我能行，会使你真的能行；一句我可以，会使你真的可以；一句我了不起，会使你真的了不起。时刻鼓励自己，能擦出星星之火，而星星之火又点燃了希望的灯，为我们照亮了远方的路。鼓励能给人自卑的心灵点亮光芒，使我们走向成功。

全力以赴，向目标进发

有时候，人生就如同一艘航行在大海上的船，虽然有时会一帆风顺，但也难免会遇到惊涛骇浪，能不能成功到达人生彼岸，完全取决于我们是否全力以赴奔向终点。

在美国有位残疾的退伍军人，很多单位都拒绝了他的求职申请，而每一次他都迈着坚定的步伐，继续寻找新的工作机会。

这一次，他来到了美国最大的一家木材公司去求职，公司总裁有意考验他，便跟他说："我这个周末要出去办一点事情，我的妹妹在犹他州结婚，我要去参加她的婚礼。麻烦你帮我买一件礼物。这个礼物是在一个礼品店里，非常漂亮的橱窗里面有一只蓝色的花瓶。"他描述了之后，就把那个写有地址的卡片交给了那位退伍军人。那个退伍军人接到任务后，郑重地向他的老板承诺："我保证完成任务！"

这个退伍军人立即行动，他走了很长时间才找到那个地址，当找到地址的时候，他的大脑一片空白。因为这个地址上面根本没有老板描述的那家商店，也没有那个漂亮的橱窗，更没有那只蓝色的花瓶。也许你会想，跟老板解释下，对他说："对不起，你给我的那个地址是错的。所以我没有办法拿到那只蓝色的花瓶。"但是，这位退伍军人没有这样去想，因为他向老板承诺过：保证完成任务。所以他结合地图然后通过扫街的方法，在距离这个地址五条街的地方，终于看到了老板所描述的那家店，远远地望去，就是那个漂亮的橱窗，他已经看到了那只蓝色的花瓶。但令他失望的是，这家店已经关门上锁，提前关门了。

退伍军人并没有放弃，他结合黄页和地址，终于找到这家店经理的电话。当他打过去电话之后说要买那只蓝色的花瓶。对方说："我在度假，不营业。"然后就把电话撂下了。他想，即使我付出惨重的代价，我也要拿到那只蓝色的花瓶。他想砸破橱窗拿到那只蓝色的花瓶，但这时有一个全副武装的警察来到了橱窗面前，这个退伍军人耐心地等了好久，那个警察丝毫没有走的意思。

这个时候，这位退伍军人意识到了什么，他再一次拨通该店经理的电话，他第一句话说，我以自己的性命和一个军人的名誉担保，我一定要拿到那只蓝色的花瓶，因为我承诺过，这关系到一个军人的荣誉和性命，请您帮帮我。

那个人不再挂他的电话，一直在听他讲。他讲述在战场上是如何负伤的故事，因为在战场上承诺战友，一定挽救战友的生命，一定要把战友背出战场，为此他身负重伤，留下残疾。那个经理被他感动了，终于决定愿意派一个人，给他打开商店的门，把这个蓝色的花瓶卖给了他。退伍军人拿到了蓝色的花瓶，他非常开心。但这个时候一看时间，老板的火车已经开了。他没有放弃，开始给他过去的战友打电话，最终找到了一位愿意把私人飞机租借给他的人，然后他乘驾飞机追赶老板乘坐的火车的下一站，当他气喘吁吁跑进站台的时候，老板的火车正好缓缓地驶进站台。

他按照老板告诉他的车厢号，走到老板的车厢，看到老板正安静地坐在那里，他把蓝色的花瓶小心翼翼地放到桌子上。然后跟老板说："总裁，这就是你要的蓝色的花瓶，给您妹妹带好，祝您旅途愉快。"然后转身就下车了。

新的一周开始，上班的第一天，老板把这个退伍军人叫到自己的办公室。跟他说："谢谢你帮我买的礼物，我妹妹非常喜欢。你完成了任务，我向你表示感谢。其实，在这过程中你面对的一切困难都是我们设置的，但这都没有阻碍你完成任务的决心。你出色地完成了任务，现在我代表董事会正式任命你为本公司远东地区的总裁……"

世界上有三种人，一种是以尝试的心态做事的人，他们总是带着怀疑和不确定的心态看待事物，因此很难取得成功。第二种是尽力而为的人，他们能够努力做事，但是遇到一点挫折就会给自己寻找退路，以"我已经尽力了"作为失败的借口，他们有可能会成功，但几率较小。第三种是做事全力以赴的人，为了在这个竞争激烈的社会中谋得一席之地，他们会不惜一切代价，克服所有的困难和障碍，最终取得应有的成功。他们清楚地知道自己需要什么，以及自己要怎样做才能成功，他们一边努力一边积累经验，不会给自己的失败找借口，只会想如何去解决问题，因为他们深信：只有全力付出，才能得到回报。

只有全力以赴去做事的人，才能将人生路上的每一个困难都踩在脚下，成功必然属于他们，因为他们不会为自己留退路，也不允许自己有退缩的借口，他们只会不断不断的努力，克服一切困难和障碍，最后心安理得地告诉自己，“我的成功是因为我尽全力去付出。”

坚持走属于自己的路，持续努力

很多年轻人，在刚刚步入社会时，大多拥有自己的想法，给自己设计了诸多条成就大事的道路。然而没用多久，很多人在压力及现实面前，高高地举起了双手，早早地屈服了。自己的理想只存留于幻想中，甚至越来越不被提及。

曾有人形象地把人比作一条船。在人生的海洋中，有的人像无舵船，他们幻想能漂到一个富裕繁荣的港湾。而现实证实这多数是一种幻想和奢望。面对风浪海潮的起伏变化，他们束手无策，只能随波逐流，幸运的能漂进某个避风港，不幸者可能触礁或搁浅。但那些成功者，他们花时间研究计划、确定目标和航向，他们坚持走属于自己的路，从此岸到彼岸，有计划地行进，他们勇敢地做自己心灵的舵手。

很多特立独行的成功者在前行的过程中，总会听到别人不同的意见，但他们对自己的信念始终坚定不移，当别人对你的行为抱有怀疑甚至是反对的态度时，坚持自我的意见，才能有更大的突破。如果你对自己选择的路不迷茫，持续努力，那未来一定会有所收获。

年轻人，你不必过于在意别人的看法。用心思考，你会发现，几乎每一个成功的故事都源于一个伟大的想法，而故事的主人公无一例外地会遇到怀疑和困境。但他们的过人之处就在于能够使这些杂音在头脑中沉寂下来，让自己静静地倾听真正的声音。他们的“疯狂”并非真的盲目，其中蕴含着目的，蕴含着方法。人活着并不是因为千篇一律而有所价值，那些伟人，都是拥有自己独特的思想，并坚持自己人生方向的人。

参考文献

[1]人民网移动中心.唯有努力，不负光阴[M].北京：中国画报出版社，2017.

[2]刘仕祥.在最能吃苦的年纪，遇见拼命努力的自己[M].深圳：海天出版社,2016.

[3]李尚龙.你的努力，要配上你的野心[M].北京：北京联合出版公司，2018.

[4]沐丞.努力，是为了可以选择[M].北京：民主与建设出版社,2017.